동물에게 잔인한 사람은 다른 사람을 대할 때도 마찬가지다.
사람의 마음은 동물을 대할 때의 태도로 알 수 있다.

오스카 와일드

개는 자신보다 당신을 더 사랑하는 이 세상의 유일한 생명체일 것이다.

조쉬 빌링스

한 나라의 위대함과 도덕성은 동물을 대하는 태도로 판단할 수 있다.

마하트마 간디

순수한 사랑을 전달할 수 있는 유일한 존재는
개와 갓난아기뿐이다.

조니 뎁

어서 와
반려견은 처음이지?

어서 와
반려견은 처음이지?

펴낸날 2018년 11월 30일 1판 1쇄
2021년 10월 15일 1판 4쇄

지은이 최인영
펴낸이 강유균
교정·교열 이교숙, 남은영
경영지원 이안순
디자인 현애정
일러스트 @daj_lab
기획 출판기획전문 (주)엔터스코리아
마케팅 신용천
홍보 김아름

펴낸곳 리드리드출판(주)
출판등록 1978년 5월 15일(제 13-19호)
주소 경기도 고양시 일산서구 고양대로632번길 60, 207호(일산동, 대우이안)
전화 (02)719-1424
팩스 (02)719-1404
이메일 gangibook@naver.com
홈페이지 www.readlead.kr

ISBN 978-89-7277-324-5 13520

* **사진 협찬** 내추럴발란스, 정관장지니펫, 러브펫코리아, 오드펫, 유토페티아, 바램시스템, 펫브루,
남해편백마을, 픽사베이

이 도서의 국립중앙도서관 출판예정도서목록(CIP)은 서지정보유통지원시스템 홈페이지
(http://seoji.nl.go.kr)와 국가자료공동목록시스템(http://www.nl.go.kr/kolisnet)에서
이용하실 수 있습니다.(CIP제어번호: CIP2018035526)

입양, 생활, 습성, 문제행동까지 친절하게 알려주는

어서 와 반려견은 처음이지?

러브펫동물병원 원장 최인영 지음

리드리드출판

추천사

처음으로 반려견의 모든 행동이나 마음에 노를 젓고 싶다면 꼭 이 책을 보길 바랍니다. 반려견의 행동과 모든 것들을 하나하나 알아간다면 그저 내가 키우는 반려견이라기보다는 내 인생의 동반자라는 느낌을 더 잘 알 수 있는 계기가 되실 겁니다.

반려견을 키우고 있는 한 사람으로서 저부터도 미흡한 게 많은 사람인데 정말 반가운 책이네요. 동물행동 전문가이자 수의사인 최인영 동생이, 그동안 많은 사람들이 우리 예쁜 강아지들의 이유 없는 반항에 대해 궁금해했던 걸 속시원하게 풀어주지 않을까 기대해봅니다. 저부터도 이 책을 사랑할 것 같습니다.

반려동물 전문방송채널
마이펫티비

반려인구 1천만의 궁금증 해결해주는 가이드북, 반려동물 전문채널 '마이펫티비'가 추천하는 필독서!! 최인영 원장의 《어서와 반려견은 처음이지?》는 반려견을 키우려고 하는 사람은 물론 반려견을 키우고 있는 반려인에게도 꼭 필요한 필독서가 될 거라 믿어 의심치 않습니다. '펫티켓'이 강조되는 요즘, 우리 가족과, 우리 사회와 공존하는 반려견이 되기를 바랍니다.

반려견과 함께한다는 것은 배우자를 만나는 것과 같습니다. 그만큼 고민하고 공부해야 하는 것이죠. 진정한 그리고 행복한 반려생활을 위해서 반드시 꼭 한 번 읽어야 할 책입니다.^^

EBS '세상의 나쁜 개는 없다'
행동교정 수의사 설채현

반려견과 함께 생활한 지 거의 20년이 되어간다. 18년 동안 SBS '동물농장' 프로그램을 하면서 반려견에 대해 많은 것을 알고 있다고 생각했는데 착각이었다. 구체적으로 배운 적이 없기 때문이다. 그런 의미에서 모든 동물애호가들에게 이 책을 권하고 싶다. 제대로 알아야 반려동물도 또 나도 진정 행복할 수 있기 때문이다.

성우
안지환

추천사

2013년도부터 말티즈 한 마리를 분양받아 키우고 있습니다. 그러다 보니 반려견에 대한 관심이 무척 많습니다. 이번에 출간하는 최인영 원장의 《어서와 반려견은 처음이지?》는 반려동물을 키우시는 분들에게 꼭 필요한 필독서라고 생각합니다.

반려동물 천만시대! 반려견을 처음 접하는 사람은 물론 이미 반려견과 함께 살고 있는 반려인에게 꼭 필요한 필독서라 생각하며 추천합니다. 역시 믿고 보는 최인영 수의사입니다.

아, 길을 잃고 삼거리에서 어디로 가야 할지 모르는 상태에서 누군가 나에게 내비게이션을 준 느낌이구나. 강아지를 키우시는 분들에게 옳은 길, 정확한 길을 안내해주는 내비게이션 같은 책입니다 엉뚱한 길 갔다가 돌아오지 마시고 이 책 읽고 정주행하세요.

아이에 대한 육아백과가 있듯 반려인들이 꼭 알아야 할 반려견백과! 내가 아는 만큼 반려견도 행복할 수 있다는 것. 반려인이라면 혹은 반려인이 될 예정이라면 꼭 읽어봐야 할 책이다. 세상에서 가장 아름다운 반려견과의 여행은 나의 노력으로 시작된다.

반려견과 함께하다 보면 당황스러울 때 많잖아요? 자기 똥을 먹는다든지, 배변패드를 물어뜯는다든지, 하루 종일 잠만 잔다든지, 이럴 땐 걱정되시죠? 하지만 이 책을 보면 이상행동의 원인을 알게 되고 대처방법도 있으니 정말 맘이 편할 겁니다. 다들 이 책 한 권으로 반려견의 달인이 되세요~^^

나한테 반려견은 '임금님귀는 당나귀 귀'처럼, 나의 아픈 얘기들을 유일하게 나누며, 정신적으로 많이 의지하는 친구이며 가족 같은 존재다. 초보자는 물론이고, 애견인 또한 《어서와 반려견은 처음이지?》와 같은 책 한 권을 갖고 있다면 당황함이나 불안감은 해소될 것 같다.

추천사

법무법인 한길 변호사
문정구

반려동물의 영혼까지 케어하는 최고의 실력과 인품을 겸비한 수의사 최인영의 풍부한 실무에서의 경험을 오롯이 담은 첫 번째 책이 출간되었습니다. 반려동물을 진정한 가족으로 만들어 가시는 분들께 적극 추천해 드립니다!!

이제는 키우는 것이 아니라 함께 살아가는 시대다. 아는 만큼 보이고 관심을 가지는 만큼 소통할 수 있다. 이 책은 어떤 아이와 어떻게 함께 하고 얼마나 잘 소통하며 사랑할 수 있는지를 알려준다.

W진병원 정신과
전문의 양재진

MBN
오명석 앵커

반려동물의 슈바이처 최인영 수의사의 동물에 대한 지식과 노하우가 집약적으로 표현됐다. 특히 반려동물을 사랑하는 마음이 잘 드러나 한 번 더 사랑에 대한 깊은 성찰을 하게 되는 계기가 됐다.

요즘같이 반려견이 많은 시대에 무턱대고 입양부터 할 것이 아니고, 반려견의 보호자가 되기 전에 읽어봐야 할 꼭 필요한 책이라고 생각합니다.

탤런트
황우연

반려견 문화가 변화하고 발전하고 있는 요즘 반려견을 가족으로 맞이하는 이들에게 여러 가지 정보와 지침을 주는 필독서가 아닌가 생각합니다. 그냥 막연한 생각으로 반려견을 받아들이는 것보다 준비된 반려인이 되어봅시다.

개그맨
양선일

반려견의 모든 행동에는 이유가 있습니다. 반려견에 대해 1도 모르는 사람이라도 이 책을 읽는다면 반려견의 행동이 모두 읽힐 것입니다.

작가
배명숙

반려견과 사람 사이,
규칙이 필요해요

"'앉아!'라고 아무리 말해도 안 들어요. 저한테 반항하는 건가요?"

3살짜리 반려견을 데리고 온 보호자가 나에게 묻습니다. 보호자는 상담을 기다리는 동안 수시로 반려견에게 "이리 와!", "하지 마!", "앉아, 앉으라고!"와 같은 명령을 했습니다. 하지만 반려견은 아랑곳하지 않고 병원 안을 이리저리 돌아다녔고, 그때마다 보호자는 답답해서 분통을 터뜨렸습니다.

"반려견을 복종시킬 수 있는 훈련법 좀 알려주세요."

나는 동물병원 임상 수의사이자 동물행동치료로 오랫동안 반려동물을 돌봤습니다. 긴 시간 이 일을 하면서 많은 사람들이 자신과 동물의 관계를 상하관계로 인식한다는 사실을 알게 되었습니다. 무조건 "안 돼!", "하지 마!", "야!", "누구야!", "이리 와!"라는 식의 강압적으로 명령하는 복종 훈련은 금물입니다. 그렇게 하면 반려견에게 두려움을 일으켜 일시적으로 말을 들을지 모르겠지만 근본적인 행동을 변화시키지는 못합니다. 일방적으로 금지하거나 허용하는 복종 훈련은 동물의 기본적인 습성을 이해하지 못한 상태에서 이루어지기 때문입니다. 사람들은 반려견이 짖거나 뭔가를 물어뜯고 달려드는 등의 행동을 싫어합니다. 하지만 이런 행동은 반려견의 자연스러운 본능에서 나오는 것입니다. 반려견이 사람처럼 말하고, 손으로 만지며, 두 팔을 뻗어 안을 수는 없습니다.

사람들이 자주 하는 실수 중 하나가 반려동물을 자꾸 의인화하는 것입니다. 동물인데 사람 입장에서 되는 행동과 안 되는 행동을 정하고 "이렇게 혼을 내거나 야단치면 알아듣겠지, 이번에 따끔하게 이야기했으니 다음엔 안 그러겠지." 하고 믿습니다. 대다수 보호자가 흔히 하는 착각입니다. 동물은 동물이지, 사람이 아니라는 점을 명심하세요. 짖기, 물어뜯기, 달려들기, 냄새 맡기 등 반려견의 습성과 본능을 잘 이해한 후에 허용하는 행동과 허용할 수 없는 행동을 구분하고, 이에 대해 어떻게 가르치고 존중해줄지를 정해야 합니다. 즉, 반려동물과 사람 사이에 지켜야 할 규칙을 정하는 것입니다.

규칙은 사람과 동물의 관계를 상하 복종 관계가 아닌 상호 존중 관계로 만드는 데 반드시 필요합니다. 법이 개개인의 권리를 보호하고 의무를 지키게 하여 다함께 행복한 세상을 만들기 위해 존재하듯이, 사람과 반려견과의 규칙 역시 두 존재가 더불어 행복하게 살아가는 데 필요합니다. 어떤 사이든 상하 복종 관계로는 오래갈 수 없습니다. 사람과 동물의 관계도 마찬가지입니다.

규칙을 잘 교육받은 반려견은 사람이 많은 공간에 데려가도 사고를 일으키지 않습니다. 그러면 보호자는 더욱 안심하고 다양한 공간에 데려갈 수 있습니다. 반려견은 재미있는 경험을 할 수 있고 사람은 다치지 않으니, 모두에게 이롭습니다.

☆ 반려견과 행복하게 살기 위해 알아야 할 것들

그렇다면 규칙은 언제부터 가르쳐야 할까요? 반려견을 처음 집으로 데려왔을 때부터 규칙을 익힐 수 있도록 하는 것이 좋습니다. 또한 가족끼리 충분히 이야기한 후 필요한 규칙을 정하는 것이 좋습니다. 규칙을 가르칠 때 주의해야 할 점은 보호자를 비롯한 가족 구성원 전체가 일관된 행동을 취해야 한다는 것입니다. 많은 보호자들이 반려견에게 그때그때 기분 내키는 대로 행동하는 실수를 저지릅니다. 예를 들어 어제 가족 식사 자리에서 짖었더니 간식을 받았는데, 다음 날 짖으니 누군가는 혼을 내고 다른 누군가는 간식을 준다면, 반려견이 혼란을 느낄 수밖에 없습니다. 반려견은 보호자에게 어제까지 허용된 행동은 오늘도, 내일도 당연히 허용된 것이라고 생각합니다. 그렇기 때문에 보호자가 규칙을 정하고 가족 모두가 일관성 있게 적용해야 합니다.

좋은 행동과 나쁜 행동을 구분하여 좋은 행동은 강화하고, 나쁜 행동은 억제하는 것이 중요합니다. 체벌하지도 않고 혼내지 않아도 이러한 좋은 효과를 내는 것을 '긍정 강화 훈련'이라고 합니다. 잘한 행동은 칭찬하고 간식을 주고 스킨십을 하여 그러한 행동이 좋은 행동이라는 것을 긍정적으로 강화시키고, 잘못한 행동은 나무라고 혼을 내기보다는 칭찬과 보상을 통해 학습시키고 약속을 지킬 수 있게 하는 것이 이 훈련의 핵심입니다.

반려견은 평생 3살, 5살짜리 아이라고 생각해야 합니다. 따라서 보호자는 평생 보호해주고 이해해주고 보듬어주는 엄마 역할을 해야 합니다.

☆반려동물 행동학을 바탕으로 궁금증을 해결합니다

반려견과 함께 살아가는 펫팸족이 천만 인구에 가까운 현실에서 사람과 동물이 올바른 관계를 맺으며 살아가기 위한 해답을 주는 책을 쓰고 싶었습니다. 보통 가족 중에서 정신적인 문제를 보이면 어떻게 할까요? 만약 아이라면 씩씩하게 해달라고 태권도학원으로 보낼까요? 아니면 정서를 안정시키겠다고 피아노학원이나 미술학원으로 보낼까요? 대부분 병원에 가서 상담과 진단을 받은 후 치료를 받습니다. 그런데 왜 반려견은 동물병원 대신 바로 훈련소를 찾아갈까요? 아마도 몰라서일 겁니다. 반려견이 문제행동을 보인다면 행동의학적인 진단과 처방부터 받고 훈련받는 것이 순서라고 생각합니다.

이 책에서는 사람들이 반려견과 함께 살면서 매일매일 마주치는 궁금증과 그 해결 방안을 담았습니다. 남들이 보기엔 사소하지만 반려견을 키우는 '나'에겐 절실한 물음 하나쯤은 있으셨죠? 현장에서 직접 만났던 다양한 반려견 이야기를 통해 독자 여러분의 궁금증을 해소해드립니다. 더불어 반려견이 응급 상황에 처했을 때, 병원으로 옮기기 직전 보호자가 할 수 있는 일들을 담았습니다. 마지막까지 꼼꼼하게 이 책을 읽어두면 갑작스런 상황에도 조금 더 침착하게 대처하는 데 큰 도움이 될 것입니다.

러브펫동물병원 원장 최인영

목차

2부 너는 왜 그런 행동을 하니?

part 1 펫닥터에게 무엇이든 물어보세요

따뜻해~

반려견
공부하기

조심해~!
응급 처치

무엇이든
물어보세요~

읏샤

1부

안녕,
우리 집에 온 걸 환영해

part 1

가족이 되기 위한
준비

01

보호자의 마음가짐이 중요해요

몇 년 전 일입니다. 불과 한 달 전에 4개월 된 예쁜 비숑을 입양해 간 보호자 가족들이 병원을 찾아왔습니다.

"원장님, 우리 순심이가 며칠 전부터 식구들이 외출하고 아무도 집에 없으면, 혼자 외로워서 그런지 울거나 짖어서 이웃으로부터 하루가 멀다 하고 항의를 받아요. 순심이를 입양하고 정말 행복했는데 이젠 순심이 때문에 너무 스트레스를 받아요. 이럴 땐 어떻게 해야 하나요?"

반려견을 가벼운 마음으로 입양하기로 결정한 가족에게 뒤늦게 찾아온 혼란은 매우 큰 스트레스가 됩니다. 부모가 되려면 부모 준비가 필요하듯이 반려견을 입양하려면 먼저 알아야 하고 준비해야 할 것들이 많습니다.

무엇보다 가족 구성원 모두가 반려동물을 통해 행복할 수 있어야 합

니다. 가족 중 누군가 알레르기가 있거나 반려동물을 싫어한다면 곤란합니다. 매일 함께 생활해야 하는 가족 간에 반려견 입양으로 문제가 생기지 않아야 합니다.

그리고 반려견도 행복해야 합니다. 반려견이 혼자 남겨지지 않도록 오로지 반려견을 위해 모든 시간을 쏟으라는 말이 아닙니다. 반려견이 혼자 있게 된다면 혼자 놀 수 있도록 놀이 교육을 해주고, 퇴근 후나 휴일에는 함께 놀아주거나 산책을 시켜주면 좋습니다.

마지막으로 이웃에게 피해를 주지 않아야 합니다. 반려견의 짖는 소리 때문에 이웃이 괴로워하거나, 배변·배뇨 처리를 잘해주지 않아 악취가 나서 불편을 준다면 이웃 간의 불화나 싸움으로 번질 수 있습니다.

반려견은 늘 돌봄이 필요한 대상입니다. 이를 이해하고 평생 보호자로서 마음가짐을 가져야 합니다.

02

입양 전,
이것만은 꼭 알아보세요

입양하기 전에 집의 여건이나 환경, 보호자와 잘 맞는 품종을 선택하는 것이 아주 중요합니다. 세계애견단체에 따르면, 전 세계에 약 340여 종의 품종이 있습니다. 사육의 난이도, 집 크기에 맞는 반려견의 크기, 개인의 취향 등을 고려하여 반려견의 품종을 결정해야 합니다.

입양하기 전에 품종을 비롯한 필수 점검 사항 여덟 가지를 소개합니다.

수의사가 아닌 이상 동물의 이상 증세를 정확히 감별하기는 어렵습니다. 가장 안심할 수 있는 방법은 입양이나 분양받은 다음 동물병원에서 건강검진을 하는 것입니다. 건강검진은 집에서 가까운 동물병원으로 가는 게 좋고, 퍼피스쿨이나 반려견 행동학을 배울 수 있는 동물병원이나 펫샵pet shop을 찾아가는 것도 좋습니다.

반려견의 품종 살펴보기

보호자의 생활환경(라이프스타일, 시간 등)을 고려하여 반려동물로 어떠한 품종이 적당한지를 결정합니다. 예를 들어 털이 많이 빠지는 것을 싫어하는 이들에게는, 푸들이나 슈나우저, 말티즈, 요크셔테리어, 시추 등을 추천합니다. 치와와나 미니어처 핀셔 같은 단모종이 털이 덜 빠질 줄 알고 키웠다가, 엄청나게 빠지는 것을 알고 힘들어하는 경우가 많습니다.

키우기 전에 관련 책이나 반려견 동호회 등을 통해 반려견의 품종과 그 특성을 알아봐야 합니다. 아니면 가까운 동물병원이나 펫샵에서 각 품종의 장단점을 상담받는 것도 추천합니다.

눈이 선명한가?

반려견의 눈을 관찰했을 때 간혹 눈동자가 흐릿하거나 뿌연 반려견은 각막이나 결막에 이상이 있을 수 있습니다. 반려견이 뭔가에 부딪쳤거나 바닥에 쓸리거나, 목욕하다가 샴푸가 직접 각막에 닿았거나, 스스로 뒷발로 긁었거나, 전염성 질환에 걸렸을 경우에 보이는 증상입니다. 의심이 된다면 반드시 동물병원에서 검사와 진료를 먼저 받아야 합니다. 입양 시에는 반려견의 눈동자가 선명한지 먼저 확인하고, 이상을 발견했다면 먼저 견주에게 이유를 확인해보고 이상으로 의심이 된다면 바로 동물병원으로 가는 것이 좋습니다.

가끔 생후 2~3개월 된 반려견들의 각막이 약간 뿌옇게 보일 때가 있습니다. 이런 경우는 나중에 선명해지므로 문제가 되지 않습니다. 이렇게 정상적인 경우와 이상 증상을 먼저 구분해보기 바랍니다.

설사를 하는가?

항문과 생식기 주변이 깨끗한지, 대변과 소변이 많이 묻어 있는지, 그 부위에서 비릿한 냄새가 나는지 확인합니다. 만약 항문 주변이 짓물러 있거나 분변으로 젖어 있다면 평소 소화가 잘 되지 않거나 세균성, 바이러스성, 기생충성 장염을 앓고 있을 수 있습니다. 아니면 앓고 있다가 최근 호전되었을 수도 있습니다. 그래서 먼저 살펴볼 필요가 있습니다.

예방접종을 적절한 시기에 하지 못해 면역력이 떨어져 발생하는 바이러스성 장염은 매우 무서운 결과를 가져올 수 있습니다. 반드시 동물병원에서 분변을 통한 현미경 검사와 바이러스 질병에 대한 검사 등을 통해 감별진단을 꼭 하기 바랍니다. 그렇게 해야 정확한 원인과 치료를 받을 수 있습니다.

콧물이 있고 기침을 하는가?

반려견의 코 전체와 콧잔등 피부가 매끈하지 않고 만졌을 때 표면이 거칠거칠한지, 콧물이 말라서 붙어 있는지, 누런 콧물이 있는지, 목에 가시가 걸린 듯이 켁켁거리면서 음식물이나 침을 토하는 행동을 보이는지 살펴봅니다.

이런 증상은 단순한 재채기일 수도 있지만, 감기에 걸려 심각한 기관

지염에 걸렸을 수도 있고, 낯선 환경에 민감하게 반응하는 스트레스 때문일 수도 있습니다. 입양 후에 이러한 증상을 비슷하게라도 보인다면 동물병원에서 진단을 받아보는 게 좋습니다. 동물병원에서는 청진과 체온, 문진을 통해 기본 검사를 하고 필요하다면 바이러스성 검사, 혈액검사, 엑스레이 검사 등을 통해 정밀 검사를 합니다.

피부가 거칠거나 탈모가 있는가?

반려견이 너무 어리다고 오랫동안 목욕을 시키지 않으면 피부에 각질이 많이 생길 수 있습니다. 이런 경우 많은 사람이 각질에 대해 걱정하는데, 입양 후 목욕을 규칙적으로 시키고 보습제를 발라주면 대부분 좋아지기 때문에 괜찮습니다. 반대로 목욕은 자주 시키는데 보습을 제대로 해주지 않으면 오히려 각질이 생길 수 있으므로 주의해야 합니다.

일반적인 각질과 달리 노랗거나 갈색, 붉은색의 각질이라면 피부병을 의심할 수 있습니다. 각질 상태와 함께, 탈모(털이 없는 피부)가 있는지 머리부터 발끝까지 입으로 바람을 후후 불어가면서 온몸의 털 사이를 꼼꼼하게 살펴봐야 합니다.

탈모가 있고 각질이 보이는 피부는 세균성 피부 감염과 곰팡이성 피부 감염을 의심할 수 있습니다. 반려견이 가려움 때문에 그 부위를 많이 긁게 되면 원하지 않는 2차 감염으로 증상이 더 심해질 수 있습니다. 최소한 1~2개월의 치료 기간이 필요한 질병이니 미리 관찰해서 발견했을 때 즉시 치료해야 합니다. 세균성인지 곰팡이성인지 아니면 다른 원인인지 정확히 구분하여 약물치료를 병행하는 것이 좋습니다.

귀 안에서 냄새가 나거나 초콜릿색 귀지가 있는가?

반려견이 스트레스를 받지 않도록 귀를 조심스레 열어서 갈색이나 누런색 혹은 초콜릿색의 귀지가 있는지, 오랫동안 씻지 않은 발에서 나는 듯한 악취가 나지는 않는지 확인합니다. 아니면 귓바퀴 있는 곳을 긁어서 발적(홍반)이나 충혈 소견이 보이는지도 확인합니다. 이러한 증상은 귀에 진드기가 있거나(귀 진드기), 귀청소를 해주지 않았거나, 목욕 중에 귀에 물이 들어가 생긴 외이염 등으로 나타나는 증상일 수 있습니다.

이러한 증상을 보이면 비전검사(검이경: 귓속을 볼 수 있는 검사 장비)를 통해 쉽게 질병인지 아닌지 알 수 있습니다. 또한 처방받은 약물치료와 환경 처방(사료, 환경 등)을 받으면 쉽게 완치할 수 있습니다.

식욕이 일반적인 수준인가?

입양 후 반려견이 사료를 잘 먹으면 신경 쓸 일이 없어 편합니다. 간혹 반려견의 입이 짧아 잘 먹지 않을 경우 보호자는 애를 태우게 됩니다. 사료를 잘 먹지 않는 이유가 단순하게 입이 짧아서인지, 사료가 바뀌어서 그런 것인지, 낯선 환경에서 움직임이 적어 배가 고프지 않아서인지, 아니면 질병이 있어서인지 이유가 다양하므로 먼저 반려견을 데리고 있던 곳에 식욕이 정상이었는지 물어보고 원인을 짚어볼 필요가 있습니다.

평소에 잘 먹던 반려견도, 환경이 갑작스럽게 바뀌면 일시적인 스트레스로 잘 먹지 않을 수 있습니다. 이런 경우는 환경에 적응하면 금세 회복되므로 걱정하지 않아도 됩니다. 반려견이 사료를 먹지 않아도 바로 치우지 말고 20분 정도 지나서 치워주세요. 그런 다음 급여 시간에 사료를 제공해줍니다. 그래도 먹지 않으면 동물병원에 데려가 행동학적인 문제인지, 질병 때문인지 알아봅니다.

먹지 않는다고 식기에 담겨 있는 상태로 사료를 두면, 상하거나 마르고 냄새까지 날아가 맛이 없어집니다. 먹지 않은 사료는 잘 정리해둡니다. 반려견이 오랫동안 먹지 않으면 급성 저혈당으로 온몸이 마비되어

쓰러질 수 있으니 주의를 기울입니다. 사료를 줘도 오랫동안 잘 먹지 못하고 비틀거리거나 움직임이 줄어들면 병원으로 바로 갑니다.

예방접종과 내외부 기생충 예방 상태는 어떤가?

반려견을 데리고 있던 곳에서, 예방접종은 어디서 했으며, 1차에서 7차 중 어디까지 접종을 했는지 체크합니다. 그리고 내외부 기생충 예방약은 언제 시작했는지도 확인합니다. 내외부 기생충 예방이란 반려견의 복강, 흉강, 피부, 혈관 등에 기생하는 기생충을 한 달에 한 번 반려견에게 먹이고 바르는 것을 말합니다.

반려견을 입양하려면 최소 2~3차 이상 예방접종을 했고, 내외부 기생충 예방을 한 달에 한 번 정도했으며, 연령이 3개월 이상 된 반려견으로 선택하는 것이 좋습니다. 예방접종 스케줄은 예방접종 편에서 다시 정리하겠습니다.

03

반려견을 위한 생활용품이 필요해요

반려견을 집으로 데려와 함께 생활하기 위해서는 필요한 필수 생활용품들이 있습니다. 무엇이 필요한지, 어떻게 사용하는지 우왕좌왕하지 않도록 가급적 미리 준비해두는 게 좋습니다. 입양된 반려견의 입장에서는 낯선 집에서 잘 적응해야 합니다. 그런데 적응을 도와주는 데 필요한 용품이 없어서 보호자가 당황하면 반려견 또한 불안해할 수 있습니다.

"사람이 아닌 반려견에게도 생활용품이 필요할까?"라고 의아해할 수 있습니다. 어떤 이들은 반려견 생활용품을 사치품으로 생각하기도 합니다. 그건 잘못된 생각입니다. 누구나 반려견을 키울 때 청결하고 안전하고 건강하게 키우고 싶어 합니다. 다음에 소개하는 물품들은 그러한 보호자의 소망을 이루는 데 많은 도움이 될 것입니다.

사료(퍼피용)

입양하기 전에 반려견이 먹던 브랜드의 사료도 좋지만, 다양한 브랜드의 사료를 먹이는 것도 괜찮습니다. 다양한 샘플 사료를 이용하여 이것저것 맛보게 하여 여러 가지 맛을 알아가게 합니다. 어린 강아지용부터 성견까지 전 연령의 사료가 있습니다. 성장에 필요한 영양소와 열량이 들어있는 강아지용 사료부터 시작하는 게 좋습니다.

각 브랜드별로 반려견의 성장 단계와 품종에 따른 사료가 따로 있으니 펫샵pet shop과 동물병원에서 조언을 얻어 추천받은 사료를 주는 것도 좋습니다.

소변 패드/패드판

배변·배뇨를 바닥에 보게 그냥 내버려두면 집 안이 더러워지고 위생에도 좋지 않습니다. 배변 시 신문지를 사용하는 경우도 있는데, 신문지는 흡수하는 소변의 양에 한계가 있습니다. 그래서 반려견의 발에 소변이나 대변이 묻어 집 안 곳곳이 더러워질 뿐만 아니라 질환이 생길 수도 있습니다.

가정에서 일반적으로는 배뇨를 흡수할 수 있는 패드를 많이 사용하고 있습니다. 입양 전부터 쓰고 있던 패드가 있다면 되도록이면 패드에서 나는 향기와 반려견의 발바닥을 밟는 패드 느낌이 같은 종류로 사용하도록 합니다. 패드를 갑자기 바꿀 경우 반려견이 낯설어하며 적응하지 못할 수도 있습니다.

배변판 없이 패드만 깔아 놓은 경우 얌전히 패드에 배변·배뇨를 하는 경우도 있지만, 장난감처럼 물고 뜯으며 노는 반려견일 경우에는 패드를 넣거나 끼울 수 있는 패드판과 패드 없이 망으로 되어 있는 패드판이 좋습니다. 처음부터 패드판에 끼워서 사용하는 것이 패드가 반려견의 장난감이 되지 않아서 좋기 때문입니다.

울타리

반려견이 사물 분별력이 힘든 어린 시기에는 갑자기 넓은 환경에 적응하기 힘들 수 있습니다. 화장실과 집을 구별하기 힘들어하고 배뇨 배변 훈련할 때 적응하지 못하기도 합니다. 집 안에 있는 전선, 의자 다리,

책상 등을 핥거나 물어뜯을 수도 있는데 처음부터 너무 넓은 공간에 풀어놓기보다 공간을 분리해주는 것이 좋습니다. 이때 필요한 것이 울타리입니다.

반려견이 아직 어리면 분별력이 떨어지므로 주변의 모든 사물을 장난감처럼 입으로 핥고 물어뜯습니다. 그렇게 하지 못하도록 미리 치워두거나 점차 알아갈 수 있도록 울타리로 이동을 제한하는 것이 좋습니다.

탈취제

반려견의 후각 능력은 사람보다 뛰어납니다. 가끔 정해진 장소가 아닌 여기저기에 배변 실수를 했다면 소변 냄새가 나지 않게 암모니아를 분해할 수 있는 안전한 탈취제를 권합니다. 일반 탈취제를 사용하면 탈취제와 소취제에 들어있는 향기로운 냄새 때문에 사람은 암모니아 냄새를 느끼지 못합니다.

하지만 반려견의 후각 능력에는 제거되지 않고 바닥에 남아 있는 암모니아로 소변 냄새를 그대로 느끼므로 화장실을 구분하기 힘들게 됩니다. 그래서 반드시 암모니아가 분해되는 탈취제를 선택하는 것이 배변·배뇨를 가리는 데 도움이 됩니다.

눈 세정제

우리가 매일 세수를 하듯이 반려견도 매일 관리를 해주는 것이 좋습니다. 반려견을 세수시킨다는 것은 안구 안에 끼는 눈곱을 제거하고 눈물이 코 안으로 흘러들어가는 누공이 막혀 눈물이 넘쳐흐르지 않게 안구세정제로 마사지해주는 것을 말합니다.

누공이란 눈물이 코 안으로 흘러들어가는 아주 작은 구멍을 말합니다. 그런데 누공은 눈곱과 눈물이 쌓여 자주 막히기 때문에 눈물이 넘치기도 하고, 약간의 악취가 생기기도 합니다. 이럴 때는 안구에 안전한 눈 세정제 2~3방울을 넣고 누공 쪽을 마사지해주면서 누공 청소와 눈곱을 제거해줍니다. 그러면 눈 쪽의 냄새와 청결을 유지할 수 있습니다.

브러시(슬리커 빗질)

브러시는 장모종의 털 관리를 하기 위해 보통 하루에 한 번, 목욕 후 드라이할 때 사용합니다. 단모종일 경우에는 실리콘으로 만들어진 브러시를 이용하며 피부 마사지와 브러시를 해주는 것이 피부 건강에 좋고 몸을 만지는 방법으로도 좋습니다.

보통 브러시 하는 방법을 많이들 어려워하는데 절대 어렵지 않습니다. 브러시가 날카롭게 보여 겉에 있는 털만 살살 빗어주는 분들이 있는데, 그럴 경우 털이 엉킬 때가 많습니다. 특히 어린 반려견들은 어미 뱃속에서부터 갖고 나온 배냇털이라 푸석푸석하고 잘 엉키기 때문에 심하면 피부까지 손상시킬 수 있으므로 브러시는 매우 중요합니다.

빗질하는 방법은 보통 꼬리 쪽에서 머리 쪽으로, 다리 아래에서 등 쪽 위의 방향으로 빗질하고, 털이 자라난 방향, 즉 털이 난 방향과 반대로 빗어주어야 엉키지 않게 빗질할 수 있습니다.

귀 세정제/면봉

반려견 목욕은 1~2주에 한 번 시키면 됩니다. 목욕 후에는 귀 세정제를 사용하여 귀를 청소하면 귀 질병을 예방하는 데 도움이 됩니다. 반려견은 식습관과 관리 문제로 귀 질병이 자주 생깁니다. 그래서 한 달에 한 번 정도는 동물병원에서 귀 체크를 받는 것이 필요합니다.

영양제(알약, 페이스트, 파우더 등)

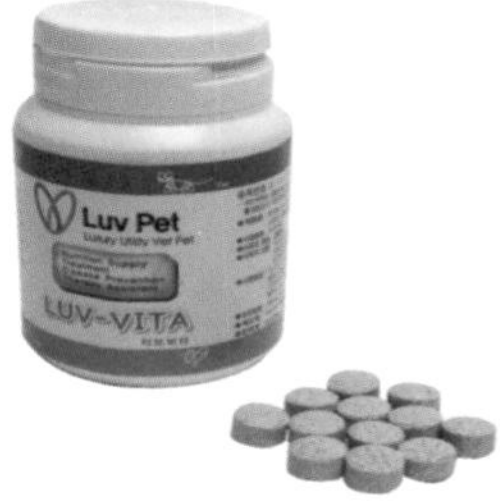

영양제는 반려견에게 필요한 필수영양소로 구성된 것이 가장 좋습니다. 사회화교육이나 훈련용으로 1센티미터 이하의 작은 큐빅 형태의 알약을 선호합니다. 짜먹는 페이스트나 뿌릴 수 있는 파우더는 피딩토이(feeding toys, 행동학 장난감)에 넣어주고, 아니면 발라주거나 뿌려서 묻혀주면 반려견이 즐겁게 먹을 수 있습니다.

발톱 깎기

1~2주에 한 번은 발톱을 깎아줍니다. 발톱 안에는 혈관이 함께 자라기 때문에 전체의 1/3~1/4 정도만 잘라내야 합니다. 더 짧게 자르면 발톱 속의 혈관을 잘라 출혈이 생길 수 있습니다. 발톱을 제때 잘라주지 않아 발톱이 길게 자라면 안에 있던 혈관도 함께 자랍니다. 이때 발톱을 정상적인 높이로 깎게 되면 당연히 출혈이 생긴다는 걸 명심해야 합니다. 만약 발톱을 자르다가 출혈이 생겼을 때는 깨끗한 거즈나 휴지로 꾹 눌러서 10분 이상 지혈하고, 출혈이 멈추지 않으면 동물병원으로 가서 지혈해야 합니다.

반려견은 발가락으로 걷는 지간보행의 동물입니다. 지간동물은 발가락으로 딛고 걷기 때문에 발톱이 바닥을 긁어 저절로 발톱이 닳게 됩니다. 그래서 산책을 자주 하거나 외부 활동이 많은 반려견들은 발톱을 잘라주지 않아도 됩니다. 규칙적인 산책은 반려견의 발톱 걱정과 행동문제에서도 벗어날 수 있게 합니다.

다양한 장난감(봉제, 실리콘 등)

반려견의 장난감은 생각보다 형태가 다양합니다. 간식을 넣을 수 있고, 영양제나 습식 간식, 사료를 발라줄 수 있는 형태의 장난감을 구비하면 반려견의 흥미와 관심을 끌기에 좋습니다.

반려견이 장난감을 굴릴 때마다 간식이 나오는 공처럼 생긴 것도 있고, 반려견이 쓰러뜨리면 간식이 나오는 오뚜기처럼 생긴 것도 있습니다. 봉제인형이나 방석 형태에 간식을 넣어놓으면 반려견이 후각과 발을 이용하여 간식을 찾아서 먹기도 합니다. 이런 재미있는 장난감을 하루에 5~7개로 매일 다르게 제공해주면 반려견은 흥미를 느낍니다. 한 마리당 보통 20~30개의 다양한 장난감을 준비해 매일 다른 재미와 흥미를 주는 것도 좋습니다. 혼자 놀 때 여러 장난감을 주어 흥미를 느끼게 하면 반려견은 혼자 노는 시간을 기다리기도 합니다.

이처럼 다양한 장난감으로 흥미와 관심을 끌면 반려견은 집 안의 화분이나 식탁, 소파, 침대, 신발, 슬리퍼 등과 같은 생활용품에 대한 관심에서 자연 멀어지게 됩니다. 더불어 집 안 곳곳을 다니며 가재도구를 물어뜯는 일을 방지할 수 있습니다.

샴푸

반려견을 목욕시킬 때 사용하는 샴푸를 고를 때도 눈에 자극이 덜한 제품으로 구입해야 하며, 반려견에게 맞는 제품을 선택하는 게 중요합니다. 색상과 털 종류에 따라 쓰는 샴푸도 여러 종류이므로 펫숍이나 용품 구입처에 문의해서 반려견의 현재 피부 상태와 컨디션에 알맞은 것으로 추천받아 사용하는 것이 좋습니다.

샴푸의 기능과 향기는 매우 다양합니다. 보호자의 취향, 반려견의 피부와 피모 상태를 잘 파악하여 선택해야 합니다.

보습제

반려견의 피부 장벽층이 무너지면 피부가 엉망이 됩니다. 피부 상태를 좋게 유지하려면 어릴 때부터 평소에 잘 관리해야 합니다. 매일같이 목욕을 시키면 피부가 더욱 건조해질 수 있으므로 목욕 대신에 피부에 보습제를 발라주거나 뿌려주는 것이 좋습니다.

이때 맛있는 간식을 주면서 보습제를 발라주면 보습제 바르는 행위를 즐기게 됩니다. 보습제는 보통 분사형과 크림형이 있는데 둘 다 털에 바르는 게 아니고, 피부에 바르거나 피부에 뿌리는 것이 좋습니다. 털보다는 피부에 직접 분사하거나 발라서 피부 상태가 좋아질 수 있도록 매일같이 뿌려줍니다.

크레이트(이동장), 유모차

예방접종을 하러 갈 때, 차량으로 이동할 때, 면역력이 완벽해지기 전에 산책 시 필요한 이동수단입니다. 플라스틱, 패브릭 등 다양한 소재의 모양과 크기가 있어서 반려견의 품종과 크기에 따라 선택합니다.

집 안에서 캐리어를 사용하지 않을 때에도 열어두고, 간식을 담아두거나 푸드 퍼즐을 넣어두는 등 캐리어 안에서 먹고 즐길 수 있게 해주면 좋습니다. 이런 일이 반복되면 캐리어가 병원이나 미용실 등 무섭고 꺼리는 곳을 갈 때 쓴다는 인식이 바뀌게 됩니다. 캐리어 안에 들어오면 맛있는 것을 먹을 수 있고 즐겁고 재미있는 곳이라는 인식이 심어지는 것입니다.

그리고 캐리어(이동케이지)를 해외여행 때 사용할 목적이라면 각 국가의 항공사에 문의해서 반려견 크기에 맞고 항공사에 맞는 것을 선택해야 합니다.

집(동굴, 방석)

집은 대부분 보호자가 원하는 색상과 모양으로 선택하는데, 반려견 입장에서는 동굴 형태가 안정적입니다. 플라스틱, 패브릭 등 다양한 소재의 모양과 크기로 되어 있어서 반려견의 품종과 크기, 주거 환경에 따라 선택합니다.

목줄, 젠틀리더(헤드칼라), 가슴줄(하네스)

목줄이나 가슴줄, 젠틀리더는 산책 시 필요합니다. 하지만 어떠한 줄을 선택하든 먼저 올바르게 산책하는 방법부터 배워야 합니다.

많은 보호자가 산책 줄을 선택할 때 이것저것 질문을 많이 합니다.

“목줄과 가슴줄 중에 어떤 게 더 좋은가요?”라는 물음에 대한 정답은 없습니다. 목줄과 젠틀리더를 하고도 더 이상 흥분하지 않고 제멋대로 행동하지 않게 되었을 때 가슴줄이나 다른 산책 줄로 바꾸는 것이 좋습니다. 산책할 때 줄을 사용하지 않으면 과태료를 물어야 하고, 자칫하면 반려견이 흥분해서 돌발 행동도 할 수 있습니다. 예방 차원은 물론이고, 반려견을 싫어하거나 키우지 않는 이웃을 위해서라도 반드시 줄을 착용해야 합니다.

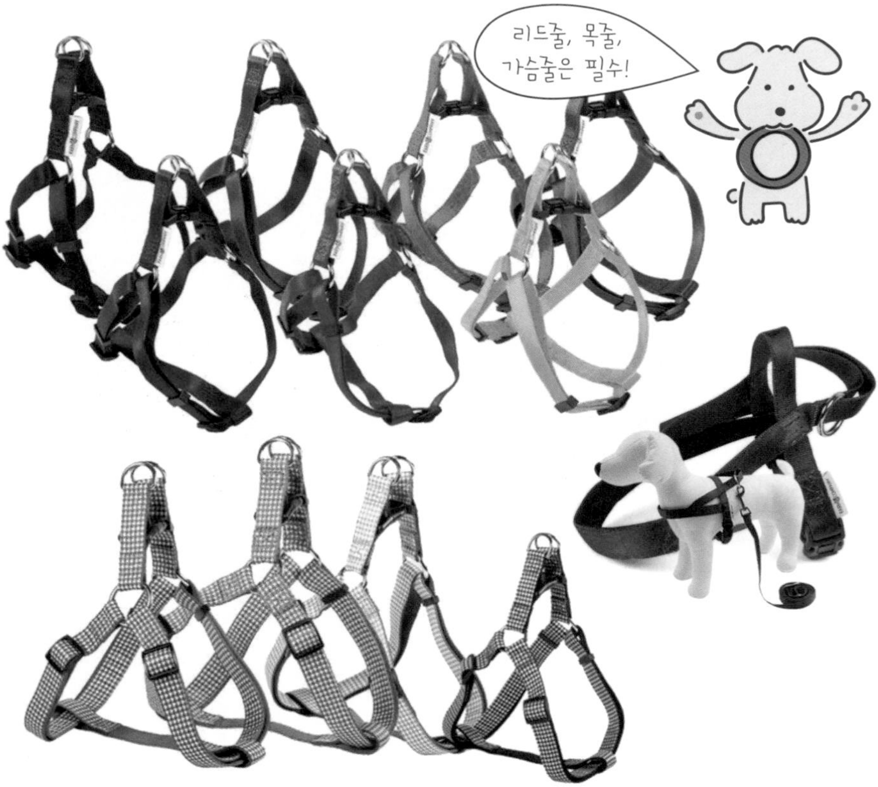

밥그릇, 물그릇

되도록이면 사료와 물을 분리해서 주는 것이 좋습니다. 사료나 물을 먹지 않거나 더 줘야 할 때 번거로움을 피할 수 있기 때문입니다. 강아지일 때는 물과 밥그릇이 함께 있는 쌍식기가 편할 수 있습니다. 하지만 성견일 때는 사료와 물을 더 주거나 그릇을 치우고 씻어야 할 때를 대비하여 물그릇과 밥그릇을 따로 구입하는 것이 좋습니다.

플라스틱, 스테인리스, 목재, 세라믹 등 다양한 소재의 모양과 크기로 되어 있어서 반려견의 크기와 먹고 마시는 양에 따라 선택합니다. 단, 알레르기가 있거나 냄새에 예민한 반려견에게는 그에 맞는 식기를 선택해야 합니다. 물론 가까운 동물병원에서 어떠한 알레르기에 예민한지 어떠한 냄새에 예민한지 검사를 받아야 합니다.

입양할 때 알아야 할 기초 상식

04

적응할 수 있게 도와줘요

보통 반려견을 입양한 후 첫 한 달이 반려견과 함께하는 평생을 좌지우지합니다. "반려견은 어릴 때 데려와야 훈련이 잘 된다."라는 말을 한 번쯤 들어봤을 것입니다. 하지만 행동의학이나 행동학 관련 책들을 아무리 살펴봐도 이런 내용을 찾을 수 없었습니다. 아마도 우리나라의 여건상 실내에서 키우는 경우가 많기 때문에 크기가 작은 반려동물을 선호하게 되면서 시작된 건 아닌가 싶습니다.

반려견은 크기보다는 동종의 다른 반려견보다 모량이나 혈통이 좋고 체형이 멋진 게 좋습니다. 그저 크기만 작은 반려견이 아니라 정신적, 육체적으로 건강한 반려견을 선택해야 합니다. 하지만 건강 체크보다 더 중요한 건 "어디서 태어나고 어떻게 자랐느냐?"라는 것입니다. 좋은 환경이란 태어나서 부모, 형제자매들과 최소한 3~4개월까지 함께 생활

했는지가 매우 중요합니다. 이 시기에 부모와 형제자매들과 물고 뛰어 놀면서 사회생활 예절을 배우기 때문입니다.

이 사회화교육 과정이 생략되면 물거나, 울거나, 짖거나 하는 문제행동을 보이는 반려견이 되기 쉽습니다. 사회화교육이 필수적이라는 것은 알지만 많은 보호자가 "바빠서, 어디서 배우는지 몰라서, 귀찮아서, 괜찮겠지?"라고 하면서 그냥 지나칠 때가 많습니다. 만약 그렇게 할 수 없는 피치 못할 사정이 있다면(예를 들어, 어미 개가 출산할 때 폐사했다든지 가족 구성원들의 질병 감염 등) 입양받은 보호자들이 해줘야 할 퍼피스쿨이 있습니다.

보통 퍼피스쿨은 가까운 동물병원과 펫유치원, 펫숍, 애견카페, 훈련소 등에서 이루어집니다. 반려견의 성격은 유전적으로 타고나는 것과 후천적으로 어떠한 환경에서 자랐느냐에 따라 형성됩니다. 사회화교육

사회화시기

사회화시기는 보통 생후 3주에서 12주 사이입니다. 이 시기를 어떻게 보냈느냐에 따라 앞으로 삶이 달라질 수 있습니다. 이 시기에 외부와 격리되거나 사람이나 다른 반려견과의 접촉이 없으면 이후 두려움이 생겨 어떤 자극에도 민감해질 수 있습니다.

에 가장 좋은 시기는 생후 3주에서 12주 사이입니다. 조기교육이 중요합니다.

"세 살 버릇 여든까지 간다."라는 속담처럼 반려견도 이때 좋은 습관을 가지면 사람과 반려견 사이에 올바른 관계를 맺을 수 있습니다. 보호자와 반려견이 서로를 이해하고 올바른 방법을 교육받는다면 서로가 존중하고 신뢰하는 사이로 행복하게 생활할 수 있습니다.

"어서 와, 우리 집은 처음이지?"

반려견을 데려온 보호자는 새로운 가족을 맞이한다는 생각에 무척 들뜨고 설렙니다. 아마도 현관문을 활짝 열고 데리고 들어가겠죠. 반려견 주위로 온 가족이 둘러쌀 것이고 저마다 귀엽다, 예쁘다 같은 말을 건넬 겁니다. 반려견의 몸 여기저기를 쓰다듬기도 하겠지요. 이런 상황을 맞닥뜨린 반려견은 어떤 감정을 느낄까요?

강아지 A: 야호, 나도 가족이 생겼어. 신난다!

강아지 B: 멍멍, 멍멍!(당황해서 짖거나 무서워서 꼬리를 내림.)

강아지 A와 같은 반응일 거라 생각하는 이들이 많겠지만, 현실은 강아지 B와 같은 반응이 많습니다. 낯선 곳, 낯선 사람들을 접하면서 강아지는 불안하기 짝이 없습니다. 엄마, 형제자매들과 떨어지게 된 것도 마음이 안 좋습니다. 그래서 보호자는 갑자기 바뀐 환경에 당황하고 무서워하는 반려견에게 먼저 배려해주어야 합니다.

낯선 공간, 반려견은 두렵다

보호자가 품 안에 안고 들어가든 이동가방에 넣어서 들어가든 간에 반려견이 너무 놀라고 당황하지 않게 하는 것이 중요합니다. 큰소리를 내거나 우르르 모여들거나 하는 것보다는, 차분한 분위기 속에서 맞이합니다.

집 안에 들어 온 후에는 집 구경을 시켜줍니다. 바닥에 내려놓고 스스로 둘러볼 수 있게 합니다. 집에 먼저 키우던 반려견이 있다면, 새로운 반려견이 들어올 때 기존 반려견을 현관 앞에 세워두고 함께 맞이하게 하는 게 좋습니다. 이동가방이나 크레이트(이동장)를 열어서 새로 온 반려견이 스스로 나와서 기존 반려견을 자연스럽게 만날 수 있게 유도합니다. 그래야 둘 다에게 스트레스를 덜어줄 수 있습니다.

기존에 키우던 반려견이 새로 온 반려견을 만나보지 못한 상황에서 주위의 관심이 그쪽으로 쏠리게 되면, 샘이 나서 공격적으로 돌변할 수 있습니다. 때문에 자연스럽게 상대를 접하게 하는 게 필요합니다.

반려견이 앞으로 지내게 될 집은 되도록이면 구석지고 안정된 곳으로 자리를 잡고 반려견이 스스로 들어가서 탐색할 수 있게 해줍니다. 집은 반려견 보호자의 취향에 따라 고르면 됩니다. 일반적으로 방석형이나

동굴형을 많이 선호합니다. 반려견이 평소에 갖고 놀던 장난감이나 이불 등을 갖고 와서 미리 넣어두면, 제일 안정적으로 적응할 수 있습니다.

반려견이 머무는 공간에 물고 놀 수 있는 딱딱하고 탄성이 있는 장난감과 봉제 장난감을 넣어주어 편안함을 느끼게 해줍니다. 그리고 간식을 넣을 수 있는 장난감에 치약처럼 짜먹는 영양제나 습식사료를 발라주면 반려견의 긴장을 풀어주는 데 도움이 됩니다.

만약 반려견의 환경 분별력이 떨어져 화장실과 집을 구별하기 힘들어하고 집 안의 물건을 핥거나 물어뜯는다면, 반려견집 앞에 울타리를 설치합니다. 우리가 어린아이를 키울 때 아이의 손에 닿지 않도록 물건을 치우는 것처럼, 반려견이 건들 수 없도록 물건들을 치워줘야 합니다. 그런데 많은 이들이 이 점을 간과합니다. 화분이나 물건을 그대로 두었다가 반려견이 물어뜯으면 반려견만 탓합니다. 사리분별을 못 하는 반려견에게 문제가 있는 것이 아니라, 물고 놀 수 있게 방치해둔 보호자의

잘못인데 말입니다. 이런 상황이 일어나지 않도록 환경과 반려견을 분리하는 것이 울타리입니다.

울타리에서 꺼낼 때는 문을 통해 나오는 법을 가르쳐야 합니다. 보호자가 귀찮아서 위로 안아서 꺼내면, 반려견은 울타리를 나가려면 뛰어넘어야 한다고 배우기 때문입니다. 그때부터 반려견은 탈출하려고 뛰기 시작합니다. 반려견이 울타리를 나가려고 날뛰어 골치 아프다고요? 스스로 배운 것이 아니라 우리가 알려준 것입니다. 반려견은 보호자를 보고 따라 배웁니다.

05

반려견과 사람 사이, 규칙을 정하세요

사람과 반려견 사이에 필요한 기본적인 예절을 교육하고 훈련하는 방법입니다. 모든 교육이나 배움에는 기초 과정이 있습니다. 기초 과정을 배운 후 기본 과정, 심화 과정으로 나아가야 합니다. 시간이 걸리더라도 기초 과정을 충분히 익히게 한다면 기본 과정, 심화 과정은 순조롭게 넘어가며, 반려견과 평생 행복한 시간을 보낼 수 있습니다.

품종에 따라 차이가 있지만 대체로 반려견들의 참을성은 10~30분입니다. 그 이상 참을성이 있다 해도 집중하기 힘들기 때문에 하루 평균 15~20분 정도 교육에 투자하면 됩니다.

반려견의 하루 일과, 즉 일어나서 매일 주어지는 식사 시간, 산책 시간, 간식 시간, 이름을 불러서 오는 시간, 배변·배뇨한 후의 상황에서 최소한의 규칙을 알려주는 과정입니다. 누구든 충분히 해낼 수 있을 만큼 쉽습니다.

단, 여기서 명심하세요. 반려견과 사람 사이에는 절대 서열이 없으며, 복종도 없습니다. 행동학 연구가 발전됨에 따라 늑대의 계급사회에 대한 이해가 바뀌었음에도 많은 동물 트레이너들이 우위성 이론이란 철 지난 개념으로 교육을 합니다. 반려견의 조상이 늑대인 것은 분명하지만 지금은 반려견을 알기 위해 늑대를 연구하지 않습니다. 최근엔 20~30년 전 들개의 습성과 생태와 행동을 연구합니다. 현대인의 질병을 연구하기 위해 오스트랄로피테쿠스를 연구하지 않는 것과 같습니다.

반려견의 조상이 늑대여서 늑대의 행동 양식을 바탕으로 반려견의 공격성을 해석하려는 학자들이 있었습니다. 그러나 늑대는 야생에서 우위

다툼을 벌여 개체 간의 서열을 정하기 때문에, 우위 다툼을 할 이유가 없는 반려견과 사람의 관계를 설명하는 데 적용할 수 없습니다. 반려견의 조상 격인 늑대는 무리 생활에서 한정된 자원을 이용하는 순서를 정하고는 합니다. 이 과정에서 우위와 복종의 형태가 나타나는데, 이것이 우위성 이론입니다.

하지만 반려견과 사람의 관계에서는 자원을 우선적으로 이용하려는 다툼이 없습니다. 따라서 우위성 이론은 반려견의 공격성을 설명하기에는 적절하지 않습니다. 우위성 이론을 바탕으로 반려견을 훈련시키려면 복종을 강요해야 하는데, 오히려 이것이 반려견에게 두려움과 공포를 불러일으켜 문제를 크게 만들 수 있습니다. 이미 미국 동물행동학학회AVSAB에서는 우위성 이론은 반려견의 행동을 이해하는 데 적절하지 않다고 분명히 밝히고 있습니다.

사람과 반려견 사이에 서열은 없다

존중과 우위성은 전혀 다릅니다. 우위성 이론에 기초한 교육은 더 이상 적용해선 안 됩니다. 반려견을 비롯해 동물의 정상적인 사회에서 서열을 위한 다툼은 극히 드뭅니다. 비정상적인 상황이나 극도의 악조건이 아니라면 다툼보다는 타협과 존중에 따라 행동합니다. 다툼은 그 자체로 뭔가 문제가 발생했다고 진단할 수 있습니다. 우위성에 기초한 교육은 잘못된 정보를 제공할 뿐만 아니라 반려견에게 강압적인 행동을 하게 만들고 사람에게도 위험한 상황을 초래하기 때문에 큰 문제가 됩니다. 사람과 반려견의 사이를 복종을 통한 서열 관계가 아닌 신뢰 관계로 바라보고 적절한 사회화교육을 진행해야 합니다.

반려견에게 존중하는 법을 가르친다

존중 교육의 핵심은 필요하거나 원하는 것이 있으면 스스로 조용히 앉아서 사람을 쳐다보게 하는 것입니다. 다른 대상 앞에 조용히 앉는 것은 반려견에게는 상대에 대한 존중을 의미합니다. 반려견들은 말을 할 수 없으므로 원하는 게 있을 때 때로는 짖고, 때로는 발로 긁고, 때로는 얌전히 앉아서 쳐다보게 됩니다. 존중 교육은 이런 행동 중 얌전히 앉아서 쳐다보게 하는 것입니다. 반려견도 우리와 유사하게 확장된 가족 형태의 사회로 이뤄졌기 때문에 이러한 행동이 가능합니다. 반려견들의 사회 구조는 다른 대상을 존중하는 체계이며 그에 따른 규칙이 있습니다. 존중은 사회 일원이 어떤 행동을 취하기 전에 다른 개체에게 새로운 정보나 자원을 얻기 위해 조용히 기다리는 행동입니다.

어릴 때부터 모든 반려견에게 이 존중 교육을 가르치면 문제행동이 최소화됩니다. 현재 반려견의 행동에 문제가 있든 정상이든 모두 도움이 되며 심지어 고양이에게도 효과가 있습니다.

어떻게 존중 교육을 가르칠까

일단 반려견이 보호자를 얌전히 쳐다보며 집중하게 합니다. 반려견은 흥분된 상태가 아니라 전체적으로 이완된 상태여야 합니다. 보호자는 약속된 신호를 분명하게 알려줍니다. 반려견에게 보호자의 약속된 신호는 신뢰를 바탕으로 해야 합니다.

모든 사회적 동물들은 사회적 상호작용을 위해 어떤 형태의 규칙을 만듭니다. 다소 다른 사회체계를 가진 고양이도 정보를 얻는 방식은 유사합니다. 보호자가 관심을 갖고 정보를 주고받는 능력을 가져야 합니다. 비효율적인 싸움은 피하고 명확하게 소통하는 것이 반려견에게도 필수적입니다. 불확실한 상황은 늘 잠재적인 불안을 가져오게 됩니다. 잠재적 불안은 늘 잘못된 행동을 할 기회를 제공하고 그 실수를 강화하게 됩니다. 그러한 불확실성을 제거해야만 문제행동을 줄여 반려견과 즐겁고 사랑스러운 관계를 만들어갈 수 있습니다.

규칙의 중요성

모든 동물은 집단 내 규칙을 배워야 하고 흔히 시행착오를 통해 그 규칙을 익히게 됩니다. 반려견에게 욕구를 만족시키기 위해서 어떻게 사람과 소통하는 것이 최상의 방법인지 가르쳐야 합니다. 문제행동을 하는 반려견에게는 부드럽지만 명확하고 일관된 규칙이 필요합니다.

일관된 규칙이라고 해서 엄격함과 무관용을 의미하는 것은 아닙니다. 엄격함과 무관용은 훈육을 의미하는 것이며 이는 신체적 체벌, 폭력 그리고 학대로 이어질 수 있습니다. 존중 교육뿐만 아니라 다른 모든 교육은 폭력과 학대 없이 실행되어야 합니다. 그렇지 않으면 절대로 신뢰를 얻을 수 없습니다.

벌칙 대신 무시하기

반려견의 행동을 바꾸기 위해 이용되는 사소한 신체적 체벌부터 여러 가지 기술은 대부분 학대에 해당된다고 생각하면 됩니다.

진정한 벌칙은 통증을 수반하지 않으면서 바람직하지 않은 행동을 반복적이고 규칙적인 약속을 통해 스스로 포기하게 하고 행동 빈도수를 줄여나가는 것입니다. 하지만 이는 현실적으로 거의 불가능에 가깝습니다. 사람도 인내심에 한계가 있기 때문입니다.

그렇지만 방법은 있습니다. 그것은 문제행동을 할 때마다 체벌하는 대신 무시하는 것입니다. 대부분의 반려견에게는 신체적 처벌이나 학대보다 무시가 오히려 더 강력하고 진정한 벌칙이 될 수 있습니다.

바른 행동을 알려준다

반려견을 평생 3살짜리 아이로 여기라고 했습니다. 3살짜리 아이에게 하지 말아야 할 일만 수천 번 말하고 해야 할 일을 말해주지 않으면 계속 실수를 반복할 수밖에 없습니다. 안 된다는 말과 함께 바람직한 행동을 같이 알려줍니다.

예를 들어 반려견이 발을 핥고 있다면 핥지 못하게 혼을 내거나 뭐라고 야단치지만 말고 다른 장난감이나 놀이로 호기심을 끌어 멈추게 해야 합니다. 간식이나 개껌을 주거나 얌전히 앉아서 보호자를 쳐다보면 배를 쓰다듬어주면서 칭찬과 보상을 해줍니다.

Drive responsibly
ONE YOU.

흥분을 가라앉힐 때

다양한 상황에서 반려견의 문제행동이 나타나는데, 근본적인 원인은 하나로 정리할 수 있습니다. 반려견이 쉽게 흥분하는 습성을 가지고 있어서입니다. 갑작스럽게 물거나, 짖고, 물어뜯는 모든 행위의 원인은 들여다보면 반려견이 흥분했기 때문입니다.

어떤 상황에서 반려견이 흥분했다면 어떻게 해야 할까요? 우선 흥분을 가라앉히는 것은 매우 중요합니다. 반려견이 흥분하면 괴물이 되어 물거나 공격성을 보일 수 있기 때문입니다. 매년 우리나라에서도 반려견에게 물리는 사고가 수십 건 발생합니다. 그때마다 보호자들은 한결같이 "우리 반려견은 원래 안 무는데요."라고 말합니다. 하지만 그렇게 말하기 전에 먼저, 무는 행동을 보호자가 싫어하고 반려견이 느끼기에도 좋지 않은 행동임을 인식시켜야 합니다.

반려견을 키우면서 일어나는 사고 중 하나가 무는 것입니다. 가족들의 손, 발, 다리, 얼굴 등을 가리지 않고 뭅니다. 갑자기 주위 환경이 산만해진다거나, 고함소리, 차량이나 오토바이 같은 갑작스런 큰소리가 나면 불안해하며 흥분하기 시작합니다. 또한 고양이가 지나가고, 다람쥐나 들쥐, 새들이 보이면 쫓아가려는 행동으로 흥분하기 시작합니다.

흥분을 낮추는 방법에는 "앉아!", "기다려!", "엎드려!"라는 명령을 통해 안정을 유도하는 자세가 있습니다.

2살된 말티즈(암컷) 막둥이와 두리가 3~4개월쯤 되었을 때 직접 교육해보고 효과를 본 방법을 소개해봅니다. 둘은 자매이고 선천적 심장병이 있어서 집에서 애지중지 키웠습니다.

"기다려~!"

먼저 사료나 간식을 보여줍니다. 특히 3~4개월의 반려견일 때는 매우 효과적인 방법입니다. 이때는 사료와 간식이 전부인 시기라 사료 앞에서는 사족을 못 씁니다. 사료를 주면 설거지한 것처럼 깨끗하게 먹습니다. 사료를 담은 그릇도 좋고 사료를 조금씩 손에 쥐고서 반려견의 코에 갖다 댑니다. 그러면 먹기 위해 덤비기 시작합니다. 심지어 짖는 경우도 있습니다. 두려워하지 말고 한 손으로 반려견을 살짝 막습니다. 다가오지 못하게만 하면 됩니다. 물거나 넘어오려고 해도 손과 팔뚝을 사용하여 먼저 막으면 됩니다. 반려견은 이 상황이 뭔지 알지 못한 채 무조건 전진만 하려고 합니다. 조금씩 적응해갈 때쯤 "기다려~!"라는 굵고 짧은 목소리로 반복적으로 말하면, 어느새 손을 치워도 그 자리에서 기다립니다.

"앉아~!"

그러고 나서 "앉아~!"를 알려줄 수 있습니다. 물론 이 과정 없이도 앉아는 배울 수 있습니다. "앉아!"를 가르칠 때 보호자는 반려견의 시선보다 높은 곳에 있습니다. 보호자를 쳐다보는 시선이 높을수록 "앉아!"를 쉽게 알려줄 수 있습니다.

손에 사료나 간식을 쥐고 반려견에게 냄새를 맡게 한 뒤에 손을 쳐다보게 합니다. 그 자리에 서서 손만 보호자의 눈 옆으로 가져갑니다. 그러면 아래에 있는 반려견들의 시선은 위를 쳐다보게 됩니다. 위를 쳐다보기 위해 자세를 취하려면 반려견들은 저절로 앉을 수밖에 없게 됩니다. 반려견이 그대로 따라 하지 않으면 반려견에게 한 걸음 정도 다가섭니다. 그러면 간식을 움켜쥔 손을 더욱 높게 바라볼 수밖에 없고 계속 반복하면 반려견은 자연스레 앉은 자세를 취합니다.

앉을 때마다 그 순간을 놓치지 말고 사료나 간식을 한 개씩 보상으로 주어야 합니다. 타이밍을 놓치지 않도록 주의하세요. "앉아~!"라고 소리 내어 행동과 말을 연결시킵니다. 그 앉아 있는 순간에도 클리커 소리를 사용해도 되고, 아니면 "눈~!"이라고 말해도 됩니다. 어느새 사랑하는 반려견이 "기다려!"와 "앉아!"를 잘하는 친구가 되어 있을 것입니다.

"엎드려~!"

엎드리는 자세는 앉기와 달리 시선을 낮춥니다. 보호자도 앉은 자세로 반려견과 눈높이를 맞춥니다. 앉아 있는 반려견 앞에 간식을 놓고 손으로 덮어서 가립니다. 손을 앞뒤로 움직이면서 반려견의 관심을 끕니다. 반려견은 냄새를 맡으려고 시선과 자세를 더욱 낮추게 되는데 배와 가슴이 바닥에 닫는 순간 손으로 가렸던 간식을 보여줍니다. 그러면 반려견은 자연스럽게 엎드린 자세가 되어야 간식을 먹을 수 있다는 것을 알게 됩니다. 그러면서 "앉아~!"와 같은 방법으로 "엎드려~!"라고 소리

와 행동을 연결시켜 반복학습을 하면 엎드리는 자세를 확실히 가르칠 수 있습니다.

엎드리는 자세는 가슴과 배가 바닥에 닿아 호흡과 심박수를 낮춰 안정감을 줍니다. 반려견이 흥분했을 때 가장 효과적인 방법입니다. 엎드리기 훈련이 된 반려견은 언제 어디서든 약속된 행동을 할 수 있어 아무리 흥분한 상태여도 보호자의 "앉아~!", "엎드려~!", "기다려~!"를 통해 호흡을 조절하고 스스로 흥분된 감정을 낮출 수 있습니다.

단, "앉아~!", "엎드려~!", "기다려~!"를 훈련할 때는 처음부터 길게 하지 않아야 합니다. 처음에는 행동만 하고, 그러고 나서는 3초, 5초,

10초, 15초, 20초, 30초, 1분 이상으로 연습을 해나갑니다. 물론 흥분을 가라앉히려면 1분 이상 자세를 유지해야 합니다. 처음부터 잘할 수 없으므로 매일 사료 주는 시간과 간식 주는 시간을 이용하여 반복학습을 해야 합니다.

한 번에 집중하는 시간은 평균적으로 15~20분 정도이고, 최소한 3천 번 정도를 해야 완벽하게 알아듣고 행동합니다. 3천 번씩이나 연습을 언제 하냐고요? 하루에 2~3번 사료와 간식을 줄 때마다 하면 됩니다. 그러면 금방 횟수가 늘어나 1주일이면 수십 번, 수백 번을 연습한 셈이 됩니다. 훈련하는 동안 보호자가 먼저 지루해하거나 초조해하지 말고 기다리고 존중하면 반려견은 금세 뭐든지 알아들을 수 있습니다.

✩ 클리커 훈련

누르면 딸깍 소리를 내는 도구인 클리커는 반려견의 뛰어난 청각을 활용해 규칙을 인지하고 교감을 나눌 수 있게 만든 반복적 행동학 도구입니다. 반려견은 사람에 비해 청각 능력이 3배 이상 뛰어나고 주파수 영역도 넓어 시각에 비해 쉽게 보호자에게 집중할 수 있게 해주는 좋은 도구입니다.
예를 들어, 보호자가 클리커로 소리를 내면서 앉기를 요구하고 반려견이 적절한 행동을 하면 간식으로 보상합니다. 이런 훈련을 반복하면 자리에 앉으면 보상이 생긴다는 것을 알게 되고 앉는 행동이 좋은 행동이라고 인식하게 됩니다.

크레이트 연습

크레이트 교육은 어딘가로 이동할 때 반려견이 불안하지 않게 하기 위해 매우 중요한 교육입니다. 또한 크레이트 교육에 익숙한 반려견은 동물병원에 입원했을 때 케이지나 입원장에서 큰 문제없이 지낼 수 있습니다.

반려견에게 크레이트는 아무런 의미가 없는 외부 자극에 해당됩니다. 그러나 크레이트 내에서 지속적으로 사료를 공급받으면 크레이트는 기분 좋은 장소가 됩니다.

이런 교육이 없는 상태에서 갑자기 크레이트에 갇히거나, 동물병원으로 이동할 때 크레이트를 사용하게 되면 불쾌한 자극으로 다가와 크레이트는 기분 나쁜 공간이 되어버립니다.

처음에는 문을 열어둔 상태에서 크레이트 안에 사료나 간식을 제공하고, 어느 정도 익숙해지면 문을 잠그고 위쪽 틈을 이용해서 간식을 제공해주면 좋습니다. 그리고 "크레이트~!", "하우스~!", "홈~!"이라고 외치면서 크레이트나 일반 방석, 동굴형 방석 안쪽으로 간식을 던져줍니다. 그러면 어느새 "크레이트~!", "하우스~!", "홈~!"만 외쳐도 크레이트나 집으로 들어가서 안정을 취합니다.

간식을 주거나, 사료를 주기 전에 해도 되고, 하루에 15분씩 2회 정도 반복하면 금세 배웁니다. 집에서 일상생활을 할 때 가끔씩 크레이트에서 사료나 간식을 줘서 지속적으로 교육하면 좋습니다.

이러한 모든 교육 과정에서 반려견이 순응하지 않으면 억지로 진행하지 않는 것이 중요합니다. 무턱대고 억지로 하다 보면 더욱더 나쁜 경험을 갖게 되어 이후 더 힘들어질 수 있습니다. 올바른 교육법을 통해 반려견이 즐겁게 생활하면서 여러 교육에 순응할 수 있게 돕는 것이 목표입니다. 만약 훈련을 잘 따르지 않으면 잠시 쉬었다가 하세요. 신나게 한번 뛰어놀거나 쉬었다가 하면 훈련에 좀 더 집중할 수 있습니다.

쓰다듬고 만지기

스킨십, 즉 반려견의 몸을 쓰다듬고 만지는 것입니다. 반려견의 몸을 만지는 교육은 어렵지 않습니다. "개도 먹을 때는 건드리지 않는다."라는 말을 많이 들어봤을 겁니다. 그래서 반려견이 먹을 때는 건드리면 안 되는 거라는 잘못된 인식을 하고 있습니다. 반려견이 간식이나 사료를 먹을 때 스킨십은 매우 중요합니다.

반려견에게 간식 먹는 시간은 기분 좋은 시간입니다. 그때 덜 예민한 등이나 배부터 시작하여 꼬리, 항문, 입, 이빨, 발, 발바닥, 발톱, 귀 등을 천천히 쓰다듬고, 살살 만져나간다면 이 또한 기분 좋은 일로 인식하게 됩니다. 물론 생각처럼 금세 익숙해지지는 않습니다. 천천히 조금씩 만져나간다면 간식을 주지 않고 만져주는 것만으로도 매우 기분 좋아합니다. 나중엔 간식으로 보상하던 것을 스킨십만으로도 충분해집니다.

이런 시간을 갖지 않은 채 갑자기 반려견의 귀를 만지거나 귀를 청소하고, 양치질을 해준다고 입을 만지거나, 목욕 후 드라이를 위해 갑작스레 몸을 만지면 스트레스를 받거나 흥분하여 보호자를 물 수도 있습니다.

반려견의 건강을 관리하려면 일단 몸을 자유자재로 만질 수 있어야 합니다. 몸의 이상을 빨리 발견하기 위해서도 몸 만지기는 중요한 역할을 합니다. 우선 핸드콩을 활용하여 반려견이 사료에 집중할 때 몸을 만집니다. 반려견이 먹이에 집중한 상태이므로 충분히 필요한 부분을 적극적으로 만지는 연습을 합니다. 이것이 익숙해지면 다음에는 몸을 먼저 만지고 나서 먹이로 보상을 합니다. 최종적으로 보상 없이도 칭찬만으로 몸을 만질 수 있는 단계까지 진행합니다.

빗질이나 발 닦기도 같은 방법으로 하면 됩니다. 위생 미용 편에서 다시 설명하겠습니다. 반려견을 관리할 때는 반려견과 실랑이를 하지 말고 핸드콩 등으로 주의를 돌려가며 진행합니다. 그런데 빗질 과정처럼 두 손을 모두 써야 할 때는 핸드콩을 활용하기 어렵습니다. 이때는 개를 위한 치태 제거용 덴탈껌과 같이 혼자서 집중해서 먹을 수 있는 것을 제공하면서 빗질을 합니다. 빗질할 때 반려견이 신경을 곤두세우면 잠시 쉬었다가 다시 진행해봅니다. 반복해서 신경 쓴다면 이는 아직 스킨십 훈련이 부족하거나 덴탈껌에 관심이 적다는 것을 의미합니다. 몸 만지기 훈련부터 다시 실시하고 좀 더 기호성이 높은 덴탈껌을 제공합니다.

빗질과 마찬가지로 발 닦기 과정도 반려견과 실랑이하지 말고 주의를 딴 데로 돌려가며 진행합니다. 관리가 끝나면 보상으로 간식을 제공하고 그것도 익숙해지면 칭찬만으로 끝냅니다.

관리나 훈련할 때마다 반드시 간식을 제공하는 것은 아닙니다. 반려견이 기분 좋을 때나 나른해할 때는 천천히 몸을 쓰다듬어주는 것도 보상의 하나입니다. 이는 반려견과 보호자 간에 서열이 아닌 신뢰 관계가 구축되어야 가능합니다.

입마개 착용하기

병원이나 미용실, 펫숍을 가거나 즐거운 산책을 나갈 때 입마개(머즐, muzzle)를 씌우는 것은 이웃에 대한 배려이고 예의입니다. 어떤 이들은 입마개를 씌우는 것이 자유를 억압하는 동물학대라고 주장하지만 그렇지 않습니다. 맹견이 아니더라도 외출 시에는 입마개가 필수입니다. 특히 산책할 때는 비둘기나 길고양이, 다람쥐 등으로 갑자기 흥분해서 쫓아가는 등 예상치 못한 일이 생길 수 있습니다. 반려견이 흥분하면 물거나 짖는 등 위험한 행동을 할 수 있기 때문에 꼭 필요합니다.

입마개에 익숙하게 하는 방법 또한 어렵지 않습니다. 우선 입마개를 보여주고 간식이든 스킨십이든 보상을 합니다. 이때 입마개의 반대쪽 끝부분에서 보상을 제공하여 반려견이 입을 입마개에 스스로 넣어 먹을 수 있게 합니다. 입마개를 씌운 후에는 보상을 주고 바로 벗깁니다. 이 방법으로 조금씩 시간을 늘려가며 다양한 장소에서 착용시키면, 입마개를 하는 것이 스트레스나 두려움이 아닌 하나의 약속된 행위로 느낍니다. 입마개는 어렸을 때부터 쓰는 훈련을 해서 익숙해지게 하는 것이 좋습니다. 동영상(http://naver.me/x6lS8plh)을 참조하여 훈련시켜 보세요. 입마개를 사용할 때는 다음 사항을 주의하세요.

1. 반드시 입마개에 완전히 익숙해진 이후부터 본격적으로 사용해야 합니다.
2. 입마개를 착용했다고 반려견이 싫어하는 일을 무리하게 시켜서는 안 됩니다.
3. 더울 때는 상당한 스트레스를 줄 수 있으니 주의해야 합니다.
4. 상황에 따라서 바스켓 입마개를 사용합니다.

올바르게 깨무는 법

반려견을 키우다가 유기하는 중요한 이유 가운데 하나는 보호자를 향한 공격성 때문입니다. 이미 발현된 공격성은 교정을 통해 줄일 수는 있지만 완전히 없애기는 어렵습니다. 따라서 적절한 교육을 통해 미리 예방하는 게 매우 중요합니다. 깨무는 행위를 조절하는 교육을 받지 못하면 보호자를 무는 행위로 이어질 수 있으므로 반드시 교육이 필요합니다.

반려견의 무는 행위는 일종의 소통의 의미가 있습니다. 반려견 입장에서는 지극히 정상적인 행동입니다. 반려견끼리 놀이를 통해 무는 행동을 자제하는 법을 배우게 하는 것이 가장 바람직한 교육입니다. 그게 여의치 않다면 장난감을 통해 놀면서 에너지를 발산하고, 물 때 어떻게 해야 하는지 교육시켜야 합니다.

손에 장난감을 쥔 채 반려견과 놀아주다가 사람을 물면 "아야!"라고 짧고 강하게 말한 뒤 잠시 자리를 떠야 합니다. 그때는 시선도 맞추지 말고 반응도 보이지 않은 채 물자마자 자리를 벗어나는 게 좋습니다. 가능하다면 반려견의 시선을 뺏을 만한 물건이 없는 방에서 단둘이 교육해야 효과적입니다.

이 방법은 강압적이지도 폭력적이지도 않은 벌칙이라고 생각하면 됩니다. 보호자와 놀다가 보호자를 물면 재미있던 놀이가 중단된다는 사실을 깨닫고 무는 행동이 부정적이고 좋지 않다는 인상을 심어주는 것입니다. 반려견은 태어나서 모유를 먹을 때 젖을 물면 어미가 으르렁거리며 젖을 주지 않는다는 것을 이미 알고 있습니다.

반려견이 수시로 물려고 든다면, 보호자는 장난감을 가지고 다니면서

사람을 물려고 할 때마다 장난감으로 대체해주는 것도 방법입니다. 물론 그전에 흥분을 가라앉히는 방법부터 가르쳐주고, 무는 것보다 더 즐겁게 물고 놀 수 있는 장난감이 있다는 걸 알려주는 것입니다. 이러한 예절을 배우지 않은 반려견을 데리고 무작정 산책 나가는 것은 매우 위험한 일입니다. 내가 기르는 반려견이 이웃뿐만 아니라 우리 가족도 언제든 물 수 있다는 점을 명심해야 합니다.

이름 부르기와 "이리 와~!"

반려견에게 이름과 "이리 와~!"는 세상에서 가장 행복한 소리가 되어야 합니다. '이름 부르기, 이리 와'는 반려견의 행동을 조절하는 기본 언어이자 소리입니다. 반려견의 주의를 환기시키는 역할을 해야 하고 능동적이어야 합니다. 어쩔 수 없이 주인의 말에 복종하는 게 아닌, 주의를 환기하고 능동적으로 행동을 바꿔야 합니다. 반려견이 이 두 마디에 행복하게 응하게 하는 것이 중요합니다.

우리 주위에서 반려견을 혼내거나 규칙을 지키지 않으면 이름을 크게 부르는 모습을 흔히 볼 수 있습니다. "막둥아! 이리 와~! 막! 둥! 아! 이리 오라고~!" 이렇게 큰소리로 이름을 부르면 우선 보호자를 쳐다는 봐줍니다. 하지만 반려견은 얼굴 한 번, 손을 한 번 보고는 간식이 없으면 휙 하고 돌아서 가버립니다. 이게 바로 우리가 흔히 말하는 '개무시'입니다. 여러분은 매일같이 사랑하는 반려견으로부터 이처럼 '개무시'를 당하며 살고 있었던 것입니다.

반려견 놀이터에 강의를 나가거나 반려견과 함께 산책을 나가 보면 거의 대부분의 보호자들이 똑같은 행동을 합니다. 반려견의 이름을 부르며 오라고 하지만 바로 오는 반려견은 많지 않습니다. 왜 그럴까요? 이름을 부르면서 오라고 해놓고 혼을 낸 적이 있었기 때문입니다.

앞서 언급했듯이 반려견에게는 '이름 부르기와 이리 와'라는 소리가 세상에서 가장 행복하고 맛있는 소리로 알게 해야 합니다. 하지만 문제는 우리가 그렇게 사용하지 않았다는 것입니다.

지금부터라도 바꿔야 합니다. 기본적으로 반려견은 보고 있는 것만 생각합니다. 따라서 어떤 지시를 하려면 우선 반려견이 보게 해야 합니다. 교육법은 간단합니다.

이름을 부르면서 보상하는 것입니다. 이게 익숙해지면 이름을 불러서 쳐다보게 하고 이후에 보상합니다. 이렇게 반복하다 보면 조건부여가 형성되어 나중에는 보상을 하지 않더라도 이름을 부르면 쳐다봅니다.

반려견과 산책하다 줄을 놓치는 경우가 발생할 수 있습니다. 이때 "이리 와!" 교육이 되어 있지 않다면 위험 상황에 노출될 수도 있습니다. 간혹 "이리 와!"를 해서 오긴 했는데 왔다가 바로 가버리는 경우가 있습니다. 그것은 "이리 와!"에 반응해 오자마자 너무 성급하게 보상해주었을 때 일어날 수 있는 상황입니다. 반드시 "이리 와!"를 한 후 보호자가 줄을 다시 잡았을 때 보상해야 합니다. 그리고 이름 부르기 교육할 때 부르지 않은 상황에서 반려견이 다가왔을 때는 보상하지 않아야 합니다.

간식 주는 시간

평소에 진료하거나 강의를 나가면 보호자들에게 자주 하는 질문이 있습니다. "사랑하는 반려견에게 언제 간식을 주나요?"라고 물어봅니다. 그러면 여러 가지 대답이 나옵니다.

"귀여울 때!"

"사랑스러울 때!"

"산책을 다녀온 후!"

"외출 나갈 때!"

"우리가 밥 먹을 때!"

"밥 먹기 전에!"

"사료를 주고 나서 다 먹었을 때!"

"우리가 과일이나 후식을 먹을 때 미안해서!"

간식을 주는 이유는 이처럼 수없이 많습니다. 하지만 모두 잘못된 방식입니다. 이렇게 주는 간식은 공짜 간식입니다. 이유 없이, 약속 없이, 규칙과 규율을 지켜서 보상을 받는 것이 아니라 아무런 이유 없이 먹게 되는 공짜 간식입니다. 우리는 갖가지 이유로 합리화하고 의인화하며 간식을 줍니다. 반려견을 사랑하고 위하는 방법은 간식을 주는 것이 아니라 함께 놀아주고 산책하는 것입니다.

간식이 반려견에게 행복의 전부가 되면 안 됩니다. 반려견에게 간식을 줄 기회는 몇 번씩 있습니다. 애써 주려고 하지 않아도 배변·배뇨를 잘했을 때, 이름을 불러서 왔을 때, "이리 와!"라고 해서 왔을 때, 밥이나 간식 주기 전 "앉아~!", "엎드려~!", "기다려~!"라고 했을 때, 또한 초인종이나 전화벨이 울렸을 때, 집이나 크레이트 안에 간식을 줄 수도 있습니다. 보통 이런 때만 간식을 주어도 충분합니다. 이보다 더 많이 주면 사랑하는 반려견이 비만해져 건강상 문제를 일으킬 수 있습니다. 하루 동안 간식을 줄 기회가 이렇게 많은 만큼 일부러 주려고 애쓰지 않아도 됩니다.

예를 들어 택배 아저씨가 방문할 때마다 반려견이 짖어서 스트레스를 받는다면 같은 방법을 사용하면 됩니다.

"막둥아, 누가 왔구나? 알려줘서 고마워!" 하지만 "앉아~!", "엎드려~!", "기다려~!"를 통해 흥분을 가라앉히거나 "크레이트~!", "하우스~!", "홈~!"이라고 말해 집으로 들어가게 해도 됩니다. 이때 간식을 적절하게 사용하면 이후에는 초인종이 울렸을 때 반려견은 집으로 들어가 있게 됩니다.

다시 한 번 말하지만 규칙을 지키지 않고 약속되지 않은 경우에 주는 공짜 간식은 행동 약속을 깨게 하는 좋지 않은 습관을 만든다는 걸 명심해야 합니다.

06

예방접종을 해야 하나요?

예방접종을 하고도 병에 걸린다거나, 집 밖에 잘 나가지도 않는데 굳이 해야 하는지 궁금증이 생길 수 있습니다. 생후 2개월이든, 11살이 되었든 반려견도 사람처럼 정기적인 예방접종이 필요합니다. 물론 예방접종 하나로 반려견의 모든 질병을 예방할 수는 없습니다.

반려견은 어린 강아지부터 노견에 이르기까지 건강과 생명을 위협하는 세균과 바이러스 등의 감염성 질환에 노출되어 있습니다. 예방접종이란 전염성 질환을 예방하기 위해 주사 또는 접종하는 것을 말합니다. 하지만 예방접종을 했어도 항체를 만들지 못하는 경우도 있으므로, 동물병원에서 접종한 후에는 검사를 통해 특정 백신에 대한 항체가 잘 형성되었는지 꼭 확인해야 합니다. 항체가 형성되지 않으면 예방접종을 했어도 아무 효과가 없기 때문입니다. 반려견에게 필요한 예방접종은 가능하면 다 맞히는 것이 질병을 예방할 수 있는 최선입니다.

외출이나 산책을 적게 하기 때문에 노출의 위험이 적다면서 예방접종을 하지 않아도 된다고 생각하는 보호자도 있는데 그것은 매우 위험한 생각입니다. 전염병이 얼마나 무서운지는 대한민국을 떠들썩하게 했던 메르스 사태를 떠올려보면 잘 알 수 있습니다. 당시 감염된 사람과 특별한 접촉 없이 같은 공간에만 있어도 면역력에 따라 감염자가 속출했습니다. 전염병은 그만큼 무섭기 때문입니다.

예방접종을 할 때는 사람과 만찬가지로 반려견도 그날의 몸 컨디션이 좋아야 합니다. 평소에 혈액검사 등을 통해 규칙적으로 건강 상태를 체크해주는 게 좋습니다.

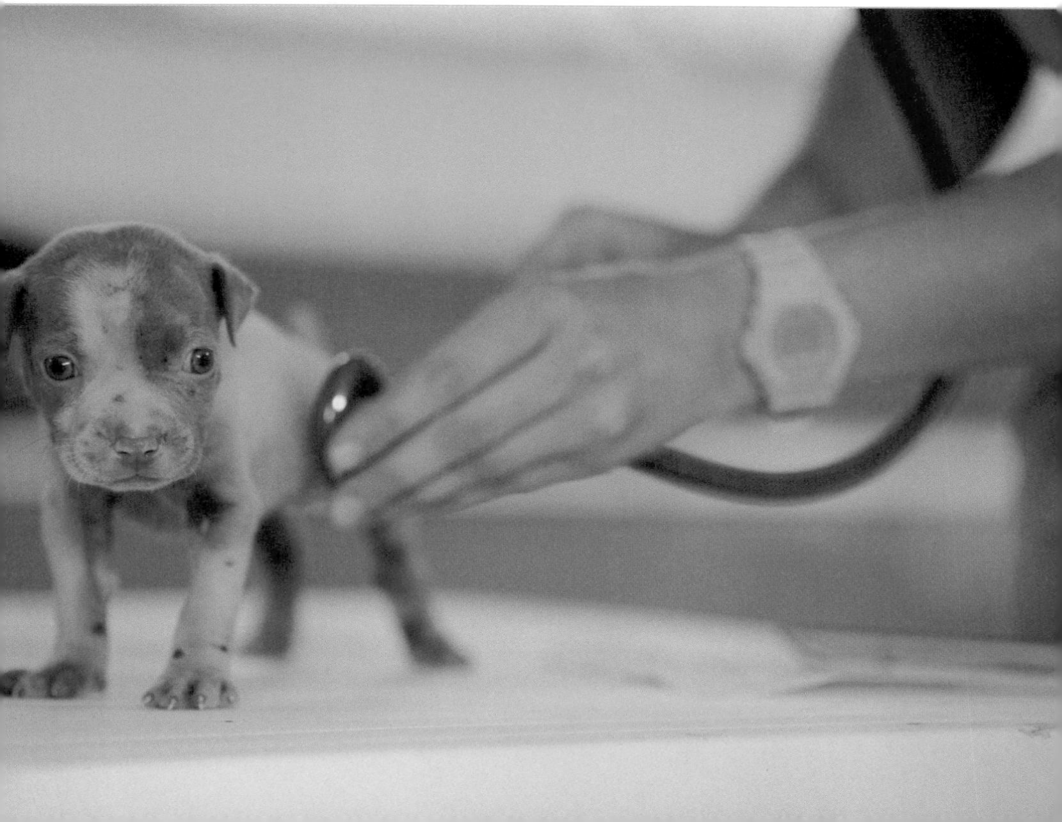

기초 예방접종 스케줄

1차 : 종합(DHPPL) + 코로나장염

2차 : 종합(DHPPL) + 코로나장염

3차 : 종합(DHPPL) + 코로나장염

4차 : 종합(DHPPL) + 전염성기관지염

5차 : 종합(DHPPL) + 전염성기관지염

6차 : 전염성기관지염(켄넬코프) + 인플루엔자1차

7차 : 인플루엔자2차 + 광견병

· DHPPL = 개홍역(D), 개 전염성간염(H), 파보바이러즈장염(P),
파라인플루엔자(P), 렙토스피라증(L)

· 5차 접종 1~2주일 후, 항체 검사. (면역치 1~6까지 측정.)

· 치사율이 높은 간염, 파보장염, 홍역에 대해 검사.

· 면역치가 5미만일 경우 DHPPL 추가 접종 권장(1~2회).

*참고사항 : 동물병원마다 접종 스케줄은 차이가 있을 수 있습니다.

1년마다 보강 접종

종합DHPPL, 코로나장염, 켄넬코프, 광견병, 개 인플루엔자

내·외부 기생충 예방

반려견을 키운다면 누구나 심장사상충을 들어보았을 것입니다. 모기를 매개로 전염되는 심장사상충은 사망에까지 이르게 하는 무서운 기생충입니다. 일단 감염되면 치료가 어렵고, 치료 시 기생충이 죽으면서 혈관을 막는 합병증까지 유발할 수 있어서 예방이 필수입니다.

요즘 나오는 심장사상충 예방약은 내·외부 기생충 구제제가 포함되어 있어서 굳이 따로 복용시키지 않아도 되므로 간편합니다. 복용 후 3~4주 동안 효과가 유지되므로 보통 한 달에 한 번 먹이거나 목 뒤에 바르면 간편하게 예방할 수 있습니다.

중요한 점은 한 달에 한 번 예방약을 먹일 때 반려견의 건강 상태를

살펴야 한다는 것입니다. 예방약을 먹고 부작용에 시달릴 수 있으므로 반드시 건강 상태를 확인한 후 먹이거나 발라줍니다.

심장사상충과 벼룩, 진드기 예방

· 한 달에 한 번 예방.

· 심장사상충의 자충[microfilaria]을 예방 및 구제함.

· 산책하면서 피부에 붙어 빈혈 및 전염병을 일으킬 수 있는 외부 기생충 구제.

회충, 편충 예방

· 2~3달에 한 번 예방.

· 구제 후 분변에서 흰색 실지렁이가 나오면 추가 검사 및 내복약 요망.

간단한 진드기 예방법

진드기는 검은깨처럼 아주 작은 것부터 콩알만 한 크기까지 종류가 다양한데, 반려견의 피부에 달라붙어 피를 빨아먹습니다. 따라서 산책할 때 반려견에게 진드기가 피부에 달라붙지 못하도록 얇은 옷을 입히는 게 첫 번째 진드기 예방법입니다. 그리고 강아지 등에 바르는 약이나 진드기를 제거하는 약을 담아 목걸이로 걸어주는 방법도 있습니다. 진드기가 싫어하는 에센셜 오일로 만든 스프레이를 몸에 뿌려도 효과가 있습니다.

07

먹이면 안 되는 음식

건강 상태에 따라 무엇을 먹이고 먹이지 말아야 할지가 나뉩니다. 일단 반려견에게는 전용 사료와 간식을 주는 것이 좋습니다. 보호자가 먹는 음식은 칼로리에 맞춰 챙겨주기 힘든 것은 물론이고, 사료와 간식으로 영양분을 챙기고 있는데 과잉으로 줄 수도 있으므로 자제하는 것이 좋습니다. 대개 보호자들은 반려견이 먹는 사료가 뭔가 맛없고, 영양소가 부족해 보이고, 먹는 즐거움이 없어 보인다고 말합니다. 그래서 자꾸 사람이 먹는 음식을 챙겨주려고 합니다. 하지만 그것은 보호자의 착각일 뿐입니다.

아래의 음식은 반려견이 먹어서는 안 되는 종류입니다. 만일 먹었다면 바로 병원에 가서 응급처치와 정밀검사를 받아야 합니다.

포도, 건포도 등의 견과류

신장과 위장에 안 좋고 신부전을 유발시킬 수 있습니다. 품종에 따라서 나타나는 전형적인 증상은 없지만 일부 품종은 급성으로 신부전을 일으킬 수 있습니다. 일단 신부전이 발병하면 3~4일 이내에 폐사할 수 있으며 구토, 설사, 혼수, 탈수, 식욕 부진과 같은 증상이 나타납니다.

오렌지, 귤, 레몬, 딸기, 사과 등의 모든 과일

위장 이상(위염, 설사 등)을 일으킵니다. 사과, 배, 복숭아, 자두, 살구 등의 과일 씨앗 속에는 시안화 성분으로 불리는 청산글리코시드라는 독성물질이 들어있습니다. 현기증, 호흡곤란, 경련, 쇠약, 호흡 쇼크 등을 유발시켜 혼수상태에 빠질 수 있습니다. 과육을 주는 것도 좋지 않으므로 주의해야 됩니다.

양파와 마늘이 들어간 음식

신장 손상 및 중독 증상을 일으킬 수 있습니다. 양파와 마늘은 반려견의 혈액 속에 있는 적혈구를 파괴합니다. 이러한 증상은 바로 나타나기도 하지만, 대부분 급성으로 증상이 발현하지 않기 때문에 악화될 때까지 모르고 지낼 수 있습니다. 소변 색이 진한 오렌지색이나 어두운 빨간색으로 변하면 음식 속에 포함된 이런 재료 때문인지 알아봐야 합니다. 이런 음식은 신장 및 비뇨기 손상을 초래하며, 심한 경우에는 수혈이 필요합니다.

오징어

소화기 이상 및 폐색의 위험이 있습니다. 사람이 먹어도 소화가 잘 안 되는 식품이 오징어입니다. 말린 오징어는 작은 크기이지만 꼭꼭 씹어 먹지 않고 삼킬 경우 소화가 되지 않고 불어서 위장 내에서 폐색 증상을 일으킵니다.

우유와 유지방(치즈, 요거트 등) 제품

과자, 요구르트 등은 설사 및 위장장애를 일으킬 수 있습니다. 우유만 먹으면 설사하는 사람들이 간혹 있는데 반려견도 마찬가지입니다. 우유 속의 젖당(락토오스)과 같은 성분을 분해하는 효소가 없어서 설사, 구토, 오심 등의 급성 위장장애를 일으킵니다. 우리 집 반려견은 먹어도 괜찮

다는 보호자도 있습니다. 반려견의 생명에 당장은 무리가 없겠지만 장기간 먹게 되면 만성질환을 유발할 수 있고 오랜 기간 먹은 만큼 치료과정과 시간도 오래 걸릴 수 있습니다.

고기류

염분 및 단백질 과다 섭취로 인한 장애, 치석 및 심장의 손상을 초래합니다. 베이컨, 치즈, 소시지 등과 같은 지방이 많은 음식은 급성 췌장염을 일으킬 수 있습니다. 그리고 소화와 영양 흡수와 같은 문제로 이어질 수 있습니다. 구토를 많이 하게 되면 심각할 경우 폐사할 수 있습니다. 양념을 하지않거나 소금기가 없는 고기도 마찬가지입니다. 당연히 생고기도 좋지 않습니다.

빵과 과자류

대부분의 빵과 쿠키, 과자류는 우유와 밀가루 효모로 만들어집니다. 이러한 것들은 섭취 후 빠른 시간 안에 알코올 성분을 만들고, 소화가스를 위장 내에 가득 만들게 되고, 그것이 쌓여서 위장질환인 구토와 복통을 일으킵니다. 심각해지면 위장장애로 폐사까지 초래합니다.

초콜릿 카페인

초콜릿은 사람들 입맛에 너무나 달콤해서 반려견도 좋아할 거라고 착각합니다. 초콜릿 성분에는 항산화 물질이 풍부하게 들어있지만 카페인과 테오브로민이라는 성분도 들어있습니다. 이 두 성분은 메틸화 크산틴이란 화합물로 이뤄져 있는데, 이 크산틴 유도체는 반려견과 같은 동물에게 독성 작용을 합니다. 따라서 이런 음식을 섭취한 반려견은 심한 구토와 탈수 증상을 보입니다. 또한 심각한 복부통증, 심한 불안, 오한 같은 근육 떨림, 심장부정맥, 급격한 체온 상승, 심한 발작 등을 일으킬 수 있으며 심한 경우 폐사할 수도 있습니다.

마카다미아와 아보카도

국내에는 널리 알려지지 않은 호주산 견과류인 마카다미아도 독성물질이 있습니다. 이를 섭취할 경우 몸이 쇠약해지고 심하면 보행을 하지 못할 정도가 됩니다. 온몸이 떨리고 보행 시 비틀거림, 우울 장애, 저체온증 등이 발생할 수 있습니다.

아보카드는 잎과 씨앗, 껍질에 펄신이라는 독성물질이 들어있습니다. 심지어 과육에도 이 물질이 약간 함유돼 있는데 모르고 먹이는 보호자가 있습니다. 이러한 성분을 섭취한 반려견은 소화기장애로 인한 복부통증이나 호흡곤란, 흉부 돌출 등의 증상을 보이므로 절대로 먹이면 안 됩니다.

07

따로 또 같이 놀아요

보호자가 외출한 후 반려견이 혼자 있는 것을 두려워하지 않게 하기 위해서는 장난감 등으로 놀 수 있게 해줘야 합니다. 예를 들어 맛있는 간식이나 사료가 들어있는 피딩토이 등을 곳곳에 숨겨주면, 반려견은 그것을 찾아 먹으면서 운동도 하게 되는 일석이조의 혼자 놀기를 하게 됩니다. 노즈워크용 장난감, 운동도 시키고 간식도 주는 로봇장난감, 자동으로 공을 던져 주고 그 공을 그 장비에 넣으면 보상으로 간식이나 사료가 나오게 되는 장난감 등도 좋습니다.

"우리 강아지는 장난감을 갖고 놀지 않아요."라든가 "반려견이 장난감에 관심이 없어요."라고 많은 질문들을 하지만 정작 그것을 갖고 놀도록 노는 방법을 가르쳐주지 않았을 것입니다.

보통 5킬로그램 전후의 개들에게 필요한 장난감은 30개 정도입니다. 그중 하루에 5-7개 정도를 매일 번갈아 넣어주면 매일 같이 다른 장난감을 기다리는 행복한 반려견을 볼 수 있습니다.

하지만 외출을 다녀와서는 혼자 있을 때 갖고 놀던 장난감은 치워줘야 합니다. 혼자 가지고 노는 장난감이기 때문에 아무렇게나 널려 있으면 장난감에 대해 흥미를 잃게 됩니다. 함께 있을 때 같이 놀아주는 놀이로는 잡아당기기 놀이, 공 던지기 놀이 등이 있습니다. 이것 또한 함께 놀고 난 이후에 "이제 힘드니까 너 혼자 놀아."라고 하면서 반려견에게 던져주면 안 됩니다. 함께하는 장난감은 반려견 혼자서는 가지고 놀 수 없기 때문에 금방 흥미를 잃게 됩니다. 그렇게 반복이 되면 장난감에 흥미를 잃게 돼버립니다. 그리고 함께 놀기 장난감과 혼자 노는 장난감은 구분을 지어 치워주는 것이 좋습니다.

공 던지기 놀이

1) 놀이시작 전 앉아 있기를 먼저 연습해야 합니다.

여러 가지 놀이를 하기 전에 가장 중요한 것은 놀이를 시작하는 신호를 알려주는 것입니다. 집중을 하고 즐겁게 놀기 위해서는 시작 전에 앉아 있어야 합니다.

2) 뽁뽁이 공을 굴리면 쫓아가서 물어오게 해줍니다.

거리에 상관없이 뽁뽁이 공을 던져줍니다. 가지고 다시 보호자에게 돌아오는 것도 에너지를 사용하는 큰 운동이 될 수 있습니다.

3) "주세요!"에 가지고 온 뽁뽁이 공을 놓습니다.

"주세요!"라는 명령어에 가지고 온 뽁뽁이 공을 무리 없이 내려놓는 연습이 필요합니다. 간식과 같은 보상을 이용하면 더욱 효과를 낼 수 있습니다.

올바른 잡아당기기 놀이

1) 놀이 시작 전 앉아있기

어떤 놀이를 하던 시작 전에 앉아야지만 집중할 수 있습니다. 앉아서 집중하면 보호자는 놀이를 시작하여 진정된 상태에서 놀이가 시작된다는 신호를 줄 수 있습니다.

2) 실타래를 당기며 놀아주기

실타래를 당기는 행동은 에너지를 발산하기에 좋은 놀이입니다. 2-3분간 짧고 활동적으로 놀아주면 스트레스 해소에 도움이 됩니다.

3) "주세요!"에 장난감 내려놓기

즐겁고 활기차게 놀다가도 "주세요!"라는 명령어에 장난감을 내려놓을 수 있어야 합니다. 장난감을 내려놓자마자 간식으로 바로 보상하면 좀 더 쉽게 놀이를 중단 후 진정할 수 있습니다.

잘못된 놀이

1) 보호자의 신체를 이용한 놀이는 안 됩니다.

반려견이 어릴 때 깨물고 싶어 하는 욕구가 강하더라도 사람의 손을 물게 하면 안 됩니다. 깨무는 욕구는 장난감 및 인형과 같은 도구로 해소해야 성견이 되어서도 안전한 놀이가 가능합니다.

2) 반려견과 힘겨루기는 안 됩니다.

힘겨루기를 하여 반려견이 가지고 있는 물건을 뺏는 행동은 해선 안 됩니다. 보호자를 보면 도망가거나 놀이로 생각하여 물건을 씹거나 삼킬 수 있습니다. 또한 위험 시 공격을 하기 때문입니다.

3) 장난감을 가지고 도망가면 안 됩니다.

장난감을 가지고 놀다가 도망가는 행동을 하면 쫓는 놀이라 생각할 수 있습니다. 반려견은 사냥본능이 있기 때문에 흥분을 많이 하면 다칠 수 있으므로 조심해야 합니다.

깨물기 올바르게 가르치기

1) 손가락 금지

어렸을 때 절대 손가락을 이용해서 놀면 안 됩니다. 어릴 때는 치아가 작고 물려도 아프지 않아서 손가락을 이용하여 놀이를 하는 경우가 많습니다. 하지만 어릴 때 보호자를 무는 행동을 허락하면 안 됩니다. 성견이 돼서 놀이로 물 경우 다칠 수가 있기 때문입니다.

2) 장난감 제공

무는 행동은 본능적이기 때문에 사람의 손이 아닌 장난감을 제공하는 것은 좋은 방법입니다. 보호자가 형제견 역할을 하기 때문에 장난감을 제공하여 놀아주는 것이 스트레스 해소에 도움이 됩니다.

3) 흥분 시 중단

형제견과 지낼 경우 서로에게 통증이 유발되면 놀이가 끝나는 것을 보통은 배우게 됩니다. 놀이 중 실수로 보호자의 손을 물면 "아얏!"이라고 소리를 내고, 장난감을 숨기고 5초 정도 행동을 멈추도록 해야 합니다.

2부

너는 왜
그런 행동을 하니?

펫닥터에게 무엇이든 물어보세요

01

처음 만난 반려견, 처음 하는 질문

Q 어린 반려견을 분양받았는데 집에만 있어야 하나요?

아닙니다. 예방접종 기간을 포함하여 어린 시절(반려견 4~12주, 반려묘 2~7주)에는 반드시 적극적인 사회화 자극에 노출되어야 합니다.

보호자와 반려견이 함께 행복해지려면 반려견은 우리와 함께 사는 세상에 순응하고 적응해야 합니다. 반려견이 세상에 적응하는 첫 단계가 바로 사회화시기이고 사회화과정입니다. 보호자라면 사회화하는 과정을 절대 소홀히 해서는 안 됩니다.

반려견은 대표적으로 무리를 이뤄 사는 동물, 즉 사회적 동물입니다. 그렇기 때문에 반려견도 사람과 같은 올바른 사회화과정이 반드시 필요합니다. 사람과 함께 살아야 하기 때문에 올바른 사회화가 매우 중요합니다.

하지만 대부분의 반려동물들은 폐쇄적 환경에서 성장기를 보냅니다. 입양하고 분양받은 뒤에 무서운 바이러스 질환에 대비하여 최소한의 예방접종(예방접종은 보통 2주 간격으로 7차 접종까지 합니다)을 마칠 때까지 자의든 타의든 절대 집 밖으로 나가지 않는 게 보통입니다. 바이러스 전염병에 대한 두려움 때문이지요. 한때 반려동물 전염병이 어린 반려견들에게 폭발적으로 발생한 적이 실제로 있었지만 지금은 상황이 다릅니다. 예방접종이 강화돼 전염병 발생이 상당히 줄어 발병률과 치사율이 많이 줄어들었습니다.

개들의 사회화시기는 생후 4주부터 12주입니다. 그 시기가 지나면 사회화가 닫힙니다. 재미있게도 어린 반려견에게 필요한 기초 예방접종 시기와 겹칩니다. 이 시기에 사회화과정을 제대로 해주지 못하면 문제 행동을 일으킬 수 있습니다.

그렇다면 왜 반려견들이 좀 더 자란 후나, 건강하고 전염병에 안전한 시기에 사회화를 시키지 않고 굳이 어린 나이에 세상에 노출시켜야 하는 걸까요? 바로 어린 시기에는 마음의 문이 열려있기 때문입니다. 이 시기에는 대뇌피질이 성숙하지 않아 세상을 호기심과 긍정적인 시각과 태도로 바라봅니다. 각 품종의 성격에 따라 정도의 차이는 있을 수 있지만 보편적으로 가장 사교성이 넘치는 시기입니다. 따라서 이 시기에는 반려견이 각각 새로운 환경과 사람, 또 다른 동물들을 좋은 관계로 접하는 사회화과정을 통해 낯선 세상과 사회에 쉽게 적응할 수 있습니다.

☆ 반려견의 첫 외출과 산책은 언제가 좋을까

어렸을 때부터 조금씩 집 밖으로 나가는 연습과 노출을 통해 자연스레 사회화 자극을 주는 것이 좋습니다. 반려견을 배려하지 않고 무작정 안고 밖에 데리고 나가는 것은 많은 혼란과 두려움을 야기할 수 있습니다. 일단 집 안 현관에서 신발장, 현관문 열고 나가서 복도, 복도에서 엘리베이터 타기, 계단 오르내리기 등 점진적으로 밖으로 나가 익숙해지게 합니다. 아직 어려서 바이러스 질환이 걱정된다면 크레이트 등을 이용하세요. 밖으로 나가 새로운 냄새, 소리, 시야를 보여주는 것은 예방접종만큼이나 중요합니다.

Q 어려서인지 잠시도 가만히 있지 않아요

어렸을 때부터 기본적인 호흡과 이완하는 예절교육을 배우지 못해서 입니다. 현재는 사소한 상황에도 쉽게 흥분을 잘하는 상태인 것 같습니다. 지금이라도 예절교육을 가르치면 됩니다.

규칙적인 식습관부터 갖게 해야 합니다. 가장 기본적인 규칙을 통해 약속 지키기를 알려주는 것입니다. 규칙적인 식습관을 갖게 되면 사료 먹는 시간에 흥분하지 않습니다. 사료를 먹기 전에 “앉아!”, “기다려!”, “엎드려!”라는 반복학습을 통해 호흡하고 이완하며 심장박동수를 낮추

예절교육은 어릴수록 하기 쉽다?

보호자와 반려견이 함께 잘 지내기 위해서는 존중을 바탕으로 한 지켜야 할 약속이 있습니다. 이를 예절교육이라고 합니다. 호흡하기, 기다리기, 이름 부르면 다가오기, 앉기, 엎드리기, 양치질하기, 산책하기, 올바르게 식사하기 등이 포함됩니다.

어릴수록 예절교육이 쉽다고 말하지만 잘못된 상식입니다. 4~12주 사이를 사회화시기라고 하여 어미 개에게 예절도 배우고 형제자매들과 함께 물고 뜯고 놀면서 무는 힘의 강도나 반응을 배워 무는 것이 좋지 않다는 것을 배우게 됩니다. 사회화시기를 겪고 분양이나 입양이 된 반려견들이 더 어릴 때 데려온 반려견들보다 훈련이나 적응을 더 잘합니다. 되도록 어미 개와 3개월 정도 함께 보낸 이후에 데려오면 좋습니다.

는 연습을 해야 합니다.

보호자가 이름을 부르며 예뻐하고, 약속된 상황에서는 칭찬과 보상까지 해주면 반려견은 보호자와 함께하는 시간이 매우 즐겁고 유쾌한 시간일 것입니다. 그러면 보호자가 이름만 불러도 흥분할 수 있습니다. 흥분 상태가 지속되면 나중엔 공격성을 보이며 물 수도 있으니 평소 흥분하지 않도록 진정시키는 것이 중요합니다. 반려견의 행동을 교정할 때 "앉아!", "기다려!", "엎드려!"는 수학공식처럼 기초적인 부분입니다. 특히 엎드리기는 심장박동수와 호흡수를 가라앉히는 매우 안정된 자세입니다.

언제 어디에서든 "앉아!", "기다려!", "엎드려!"를 할 수 있어야 반려견이 흥분해서 발생할 수 있는 일을 예방할 수 있습니다. 행동을 교정할 때 식사시간을 언급하는 것은 하루에 반복적으로 주어지는 식사시간, 배변·배뇨하는 시간, 잠자는 시간을 이용해 정해놓은 규율을 지키면 예절교육이 수월하기 때문입니다.

Q 생후 2개월 된 반려견이 제가 보이지 않으면 막 울어요

"반려견이 한번 울기 시작하면 너무 시끄러워 그냥 둘 수가 없어요. 너무 감싸면 안 되겠다 싶어 하루에 한 시간 정도 접촉하는데, 한편으론 집에 사람이 없을 때가 많아 집에 있을 때만이라도 같이 있어줘야 하는 게 아닌가 싶기도 합니다. 어떻게 해야 할까요?"

반려견의 생후 2개월은 사람으로 치면 3살 정도입니다. 보호자가 옆에 있어줘야 하는 것이 당연한 시기입니다. 가능한 한 옆에서 함께해 안심시킬 필요가 있습니다.

보호자가 집에 있을 때는 짧은 시간 동안 다른 방에 가서 반려견이 혼자 있는 연습을 할 수 있게 합니다. 혼자 있을 때 익숙한 장난감이나 껌 등을 주면 도움이 됩니다. 잠시 떨어졌다 다시 돌아오기를 반복해 불안감이 생기지 않게 합니다. 또한 평상시에 크레이트 내에 푹신푹신한 깔개를 깔아두거나 장난감 또는 좋아하는 것을 넣어두어 크레이트를 좋아하게 만듭니다. 이렇게 함으로써 반려견은 보호자가 없어 불안해졌을 때도 크레이트에서 안심할 수 있습니다. 마치 늑대의 동굴과 같은 안전한 역할을 하는 공간으로서 사용할 수 있습니다.

그러나 지나치게 보호자와 떨어져 혼자 지내면 지루해하거나 욕구 불만으로 파괴적인 행동을 보일 수 있습니다. 집을 오랜 시간 비워야 한다면 사전에 운동이나 놀이시간을 가져 에너지를 충분히 발산할 수 있게 하고, 배변·배뇨도 시켜 안정된 상태에서 장난감을 갖고 놀 수 있게 합니다. 이때 장난감을 숨겨두고 나오면 종일 장난감을 찾으면서 심심하지 않게 놀 수 있습니다. 장난감 종류는 껌과 같은 물 수 있는 장난감과 사료나 간식을 넣어둘 수 있는 콩 장난감 같은 피딩토이가 좋습니다. 이렇게 혼자 놀 수 있는 습관을 만들어두면 보호자가 외출한 후 장난감으로 놀거나 껌을 씹다 질리면 수면을 취하는 등 나름대로 조용히 보호자를 기다립니다.

반려견은 보호자와 떨어짐으로써 다양한 문제행동을 일으키기도 합니다. 그중 보호자에게 과다한 애정을 나타내는 반려견은 보호자가 외출하는 데 대해 극도의 불안감을 드러내며 문제행동을 일으키는데, 이를 분리불안증이라고 합니다. 이때 반려견은 심각할 정도로 짖거나, 대소변 실수, 파괴적인 행동을 보여줍니다. 이러한 문제행동은 보호자가 집에 없을 때에만 나타납니다. 이외에도 식욕부진, 침 흘림, 구토, 설사 등이 나타날 수 있습니다.

또한 스트레스로 인한 과도한 핥기로 피부염이나 육아종 등의 증상이 나타날 수 있습니다. 이러한 반려견은 보호자에게 강한 애착을 갖고 있

으며, 평소 보호자에게 딱 붙어서 떨어지지 않으려 합니다. 보호자가 열쇠를 들거나 가방을 메고 코트를 입는 등의 행동만으로도 불안감을 드러내기 시작합니다.

보호자들은 분리불안 증상을 혼자 있게 한 데 대한 분노의 표현이나 예절교육이 충분하지 않아서라고 생각합니다. 그러나 이는 불안감으로 인한 행동이며 반려견이 스스로 조절할 수 없는 문제입니다. 반려견은 성견이 되어서도 사람처럼 부모(보호자)로부터 완전히 독립하지 않습니다. 몇 살이 되어도 아이처럼 응석을 부리며 살아갑니다. 이러한 점이 귀여워 보일 수도 있지만, 어느 정도 선을 넘으면 보호자의 일상생활을 방해하며 반려견 스스로도 불행하게 됩니다. 반려견이 이렇게 과도하게 의존하지 않도록 어릴 때부터 조금씩 정신적으로 자립할 수 있게 신경써야 합니다.

분리불안 증상이 생기지 않도록 평소 외출하기 전 30분에서 1시간 정도 시선을 맞추지 않고 무심히 나가고, 외출에서 돌아와서도 30분에서 1시간가량 모른 척하고 지냅니다. 반려견이 충분히 진정되고 차분해지면 이름을 불러주면서 스킨십을 충분히 해줍니다. 이렇게 반복하면 보호자가 외출하는 데 대해 예민하게 반응하지 않고 보호자가 나갔다가 반드시 돌아온다는 확신을 갖습니다.

Q 꼬리를 흔드는 것은 기분이 좋다는 뜻인가요?

개는 꼬리로 자신의 감정을 직접적으로 표현합니다. 산책할 때 이름을 부르면 멀리서 쳐다보고 꼬리를 흔듭니다. 반대로 혼자 집을 지켜야 하는 사실을 알게 되면 꼬리를 아래로 축 늘어뜨립니다. 우리는 반려견이 꼬리를 흔드는 것을 즐거움의 표현이라고 알고 있습니다. 택배기사가 왔을 때도 반려견을 잘 관찰해보면 짖으면서도 꼬리를 흔들고 있습니다. "어! 왜 낯선 사람에게 꼬리를 흔드는 거지?"라고 의아해할 수 있는데, 반려견은 꼬리의 위치와 흔드는 속도와 각도, 방법으로 즐거움, 기쁨, 두려움, 공포와 같은 다양한 감정을 표현합니다.

불안할 때 : 꼬리를 늘어뜨린 채 흔들지 않는다.

공포와 두려움으로 겁을 먹었을 때 : 꼬리를 동그랗게 말아 뒷다리 양 사이에 집어넣고 고개까지 숙인다.

기분이 좋을 때나 화가 났을 때 : 급하게 꼬리를 흔든다.

꼬리를 천천히 흔드는 것은 반려견이 자신감을 가지고 있다는 의미입니다. 짖으면서 꼬리를 천천히 흔드는 모습은 자신이 상대 반려견보다 더 강하다는 자신감을 표현하는 것입니다. 기분이 나쁘거나 화가 많이 났을 때는 꼬리를 매우 급하게 흔들기도 합니다. 다른 반려견에게 공격할 의지가 없다는 것을 알려줄 때는 꼬리를 낮추고 자세를 낮추기도 합니다. 사냥을 할 때에는 몸의 균형을 잡거나 사냥감에 대한 공포나 사냥감을 찾았다는 기쁨 등의 여러 가지 감정의 표현으로 꼬리를 흔들기로 합니다.

하지만 반려견들이 놀이터나 공원에서 신나게 달리고, 점프를 하고, 수영장이나 바닷가에서 헤엄을 칠 때의 꼬리는 방향을 잡거나 균형을 잡는 역할을 합니다. 반려견이 꼬리를 흔드는 건 상대방에게 자신의 여러 가지 감정을 표현하고 있는 것입니다.

Q 반려견도 아이큐가 있나요?

반려견의 아이큐는 사람과 비교하면 3~5세 수준입니다. 물론 경우에 따라 5~7세 정도의 지능을 가진 품종이나 반려견이 있을 수 있습니다. 가끔 텔레비전에서 수십 개의 단어를 기억하고 사물을 기억하는 보더콜리나 셔틀랜드 쉽독 등을 볼 수 있습니다. 단어를 기억한다기보다는 단어와 함께 사물과 상황을 이해하는 것입니다.

사람도 공부를 잘 하는 사람이 있는가 하면 못 하는 사람이 있듯이 "앉아!", "기다려!", "엎드려!"를 알려줄 때도 1~2일에 완벽하게 습득하는 반려견이 있는가 하면, 1~2주 혹은 한두 달이 걸려도 습득하는 데 어려움이 있는 반려견이 있습니다. 최대한 이해하고 기다려주는 배려가 필요합니다. 내 반려견에게 실망하기보다 믿고 기다리며 반복적으로 교육하면 모든 반려견은 해냅니다.

Q 가족들을 잘 구별하지 못해요

사람은 상대방의 이름을 부르거나 얼굴 생김새, 옷차림, 키 등으로 서로를 구별합니다. 그렇다면 반려견은 어떻게 사람을 구별할까요?

반려견은 사람과는 달리 시력검사를 통해 시력을 수치로 환산해서 알 수 없습니다. 반려견은 원래 근시이기 때문에 사물에 초점을 맞추는 능력이 매우 약합니다. 보통 사람의 표준 시력을 1.0이라고 한다면 반려견은 0.3~0.4 정도 됩니다. 또한 색깔을 구별하는 것도 사람과 차이가 있습니다. 주로 검정, 흰색, 회색 등 명암 정도에 따라 구별하는 것으로 알려져 있습니다. 하지만 움직이는 사물을 인지하는 능력은 사람보다 월등하게 발달해 있습니다.

개들은 시각보다는 후각으로 사람을 구별합니다. 특히 사람의 땀 속에 있는 휘발성 지방산의 냄새를 구별하는 능력이 탁월하다고 합니다. 그래서 보호자와 가족들의 냄새에 민감하게 반응합니다. 나이가 들어 안과 질환이나 노령에 의해 시력을 소실하였어도, 후각을 이용해서 가족 중 누가 오고갔는지 알 수 있는 것입니다.

가족을 잘 알아보지 못하는 증상이 심하면 인지장애나 안과 질환을 의심해야 합니다. 이때는 서둘러 동물병원에서 진단을 받아야 합니다.

Q 왜 사람의 얼굴을 자꾸 핥을까요, 이상 행동인가요?

결론부터 말하면 이상 행동은 아닙니다. 어미 개는 자신이 출산한 강아지에게 이유식을 줄 때가 되면 강아지에게 젖을 주지 않습니다. 그러면 젖을 먹지 못해 배가 고픈 강아지는 엄마의 입 주변을 핥는 것으로 배가 고프다는 신호를 보냅니다. 그 신호를 받으면 어미 개는 반쯤 소화된 음식물을 토해내서 그것을 강아지에게 먹이는 것입니다. 얼굴을 핥는 행동은 이런 본능에서 비롯되었습니다.

사람의 코나 입 주변을 계속 핥는다는 것은 먹이나 간식을 달라는 표현이거나 보호자를 좋아한다는 애정 표현입니다.

개들은 자기 새끼뿐만 아니라 다른 개들에게도 관심이 많고 애정이 많습니다. 개들의 자세나 행동으로 보여주는 보디랭귀지가 모성 보호 심리를 유발하기 때문입니다. 하지만 자기보다 강하거나 힘이 센 개로

부터 위협을 받거나 서열이 높은 개를 만나면 입 주변을 핥기도 합니다. 애착 대상으로서 애정을 표현하는 것입니다.

보통 사람의 입을 핥아주는 행동은 그 보호자에 대한 사랑과 관심이기도 합니다. 그러한 행동을 나무라거나 혼을 내면 반려견은 혼란스럽고 당황스러워합니다. 자신이 무시당했다고 생각할 수도 있습니다. 그리고 처음 보는 개와 사람을 핥는 경우는 그들의 냄새를 맡으며 정보를 얻으려는 행동입니다.

Q 아무것도 없는데 허공이나 벽, 집 밖을 보고 계속 짖어요

개들이 짖는 것은 자신의 의사를 표현하는 하나의 행위입니다. 의사표현에는 다양한 방법이 있습니다. 안면 근육을 당기거나 늘리기도 하고, 귀를 젖히거나 세우기도 하고, 몸을 낮추거나 세우는 등 여러 가지 몸의 상태를 변화시키면서 의사표현을 합니다. 짖는 행동 이외에도 하울링 같은 울음소리나 낑낑거리는 소리를 내기도 합니다.

반려견이 외부의 낯선 소리나 새롭게 들리는 소리에 반응하여 즐겁거나 두려울 때 짖는 행동은 지극히 정상적인 행동입니다. 그렇지만 두려움이나 공포감으로 계속 짖거나, 보호자가 외출하는 것을 보고 집에 혼자 있을 때 몇 시간이 지나도록 계속 짖는다면 분리불안 증상을 의심해 볼 수 있습니다. 물론 사소한 냄새나 소리에 예민해서일 수도 있고, 스트레스를 쉽게 받는 반려견일 수도 있습니다. 그리고 반려견의 건강 상태에 따라 과도하게 짖을 수도 있습니다.

반려견은 품종, 연령, 성별, 컨디션, 환경 등에 따라 충분한 사료와 물, 그리고 산책과 운동을 시켜줘야 합니다. 이러한 정상적인 생활 리듬을 유지해주지 않으면 고통과 스트레스로 자주 짖을 수 있습니다.

또한 심심하고 지루한데 혼자 놀 줄 몰라서 보이는 행동일 수도 있습니다. 이런 경우는 혼자 놀 수 있는 장난감을 다양하게 매일같이 바꿔주는 것이 좋습니다. 물론 산책으로 스트레스를 해소해주는 것이 제일 첫 번째 해결 방법입니다.

Q 꿈을 꾸는지 잘 자다가 꼬리를 흔들거나 짖기도 해요

반려견이 잘 자다가 꿈을 꾸었는지 갑자기 놀란 듯 일어나 한쪽을 쳐다보거나 꼬리를 흔들거나 쩝쩝거리기도 하는 것을 본 적이 있을 것입니다. 이처럼 잠꼬대하듯이 잠자다가 하는 행동은 꿈을 꾸는 행동입니다. 개도 꿈을 꿉니다. 잠이 들면 호흡이 조금 불규칙하게 바뀌다가 깊은 수면에 빠집니다. 이러한 잠을 비렘수면non-REM sleep이라고 합니다. 비렘수면은 깊은 잠에 빠지는 것을 말하는데, 반려견들이 비렘수면을 취하면 쉽게 잠에서 깨지 않습니다. 하지만 얕은 수면을 뜻하는 렘수면일 때는 뇌의 활동도 빠르게 움직이며, 전체 근육의 긴장도 풀리게 됩니다. 이때 반려견들은 꿈을 꾸게 됩니다. 보통 몸을 떨거나 다리를 움직이는 경우가 있는데 이는 전형적인 증상입니다.

반려견들은 하루 평균 10시간 정도 잠을 잡니다. 2년 이상의 성견보다는 1년 이하의 강아지들이 꿈을 많이 꾼다고 합니다. 왜 꿈을 꾸는지는 아직까지 밝혀지지는 않았지만 반려견들이 꾸는 꿈은 먹는 즐거움과 부모형제들과 재미있게 놀이하는 꿈, 산책하는 꿈, 보호자가 주는 맛있는 사료와 간식을 먹는 꿈을 꾸는 것이 아닐까 생각합니다.

Q 낙엽이나 돌, 나뭇가지 등을 입에 물고 놀려고 해요

반려견들은 주위의 다양한 사물에 흥미를 갖고 냄새를 통해 이해하며 뭐든지 입에 넣어 확인하려는 습성이 있습니다. 대부분 반려견은 이러한 사물을 삼켜도 먹을 수 없는 것이라면 바로 토해냅니다. 그래서 약물, 영양제, 화장품, 살충제 등 위험한 물건은 처음부터 반려견의 입에 닿지 않는 곳에 두어야 합니다. 그럼 풀이나 나무, 돌, 흙 등 자연에 있는 것들은 어떻게 해야 할까요? 낙엽이나 흙, 잡초 같은 먹어도 해가 되지 않는 것이라면 입에 넣어서 확인해도 괜찮습니다. 돌처럼 삼켰을 때 소화를 시키지 못하는 물건은 위장관에 걸려 소화기가 막힐 가능성이 있습니다. 이때 보호자가 과도하게 뺏으려고 하면 오히려 반려견은 재미있어 하며 계속 돌을 물고 놀다가 삼켜버릴 수 있으므로 주의해야 합니다.

이 같은 이물질 섭취를 예방하는 차원에서 산책 전에 입마개를 씌우면 좋습니다. 무는 것을 예방할 뿐만 아니라 이물질 섭취도 막을 수 있습니다. 이미 나쁜 습관이 밴 반려견이라면 돌이 많은 장소를 피하는 것이 좋습니다. 피할 수 없다면 미리 비터스프레이같이 반려견이 싫어하는 맛을 뿌리는 것도 방법이 됩니다. 그와 동시에 돌을 입에 물고 노는 것보다 더 재미있는 놀이를 알려줍니다.

예를 들면 공 던지기 놀이 등을 가르쳐줘서 관심을 다른 곳으로 돌린다거나, 혹은 좋아하는 물건(간식 등)을 던져주어 관심을 돌린 다음 입에 물고 있던 것을 놓았을 때 치우는 것입니다. 보호자가 억지로 입에 문 물건을 빼앗으려고 하면 반려견이 오히려 지키려고 도망가거나 공격적인 성향을 나타낼 수 있기 때문에 침착하게 대응하는 것이 중요합니다.

그리고 반려견이 보호자의 관심을 끌려고 일부러 물고 있을 수도 있습니다. 이때는 관심을 주지 않아야 합니다. 그렇지만 위험한 행동을 무시할 수는 없으므로 위험한 것을 물고 있을 때는 예외로 하고, 삼킬 수 없는 크기의 물건이나 삼켜도 해가 없는 물건이라면 상관하지 않는 게 좋습니다. 물고 있어도 모른 척하고 대신에 장난감 등을 사용하여 반려견과 즐겁게 놀아주세요. 지금까지와 다른 커뮤니케이션 방법을 가르친다면 이러한 행동은 조금씩 줄어들 것입니다. 반려견은 원래 먹을 것이 아니라면 삼켜도 곧 토해냅니다. 그러나 실수로 삼키는 것이 아니라 일부러 삼키려는 행동을 계속한다면 영양소 결핍이나 소화흡수부전 등 건강에 문제가 있을 수 있는지 알아봐야 합니다. 이럴 때는 식사관리를 해줘야 되고 동물병원에서 상담과 검사를 받아야 합니다.

Q 예쁜 옷을 입히고 싶은데 거부해요

대부분의 보호자들은 애완용 예쁜 옷들을 보면 입히고 싶어 합니다. 예쁜 옷을 입히면 보호자가 기분이 좋아지는 것처럼 반려견도 그러리라 생각하는 것입니다. 물론 옷을 입히는 것에 거부감이 없고, 보호자가 관심을 가져줘서 좋아하는 반려견도 있습니다. 그러나 반려견 모두가 좋아하는 건 아닙니다. 옷을 보자마자 도망가거나 물려고 하거나 그 자리에 우두커니 움직이지 않는 반려견도 있습니다.

반려견에게 옷을 입히면 털의 양과 색, 체형의 아름다움을 퇴색시키는 단점도 있지만 장점도 많습니다. 추위에 약한 단모종일 경우 추운 겨

울에 산책할 때 입히면 방한 역할을 해주고, 또 털이 많이 빠지는 품종은 옷을 입혀서 털이 날리는 것을 줄일 수 있습니다.

그리고 기능성 옷으로는 분리불안에 힘들어하는 반려견에게 누가 안아주는 듯한 느낌을 주는 실용적인 기능과 디자인을 가진 옷도 있습니다. 하지만 어릴 때부터 옷 입는 버릇을 자연스럽게 들여놓지 않으면 이런 기능성 옷을 입히고 싶어도 반려견에게 스트레스가 될 수 있습니다. 이럴 때는 일단 좋은 기억을 만들어주기 위해 반려견 주위에 옷을 두고, 간식을 먹이면서 입히면 수월할 수 있습니다.

Q 대형견보다 소형견이 잘 짖는데 그 이유가 있나요?

작은 개들이 상대적으로 몸이 약한 만큼 경계심이 강해 잘 짖는다는 견해가 있기는 합니다. 그리고 지나치게 과보호를 받은 개일수록 잘 짖는다는 견해도 있습니다. 주인에게 더 많은 관심과 사랑을 받고자 하는 욕구가 커서 마구 짖어대는 것입니다. 그러나 몸집이 작다고 더 잘 짖는 분명한 이유가 있지는 않습니다.

소형 반려견 품종 중에 토이푸들과 포메라니언을 보면 활달한 성격이어서 외부의 모든 환경과 사람, 다른 반려견들에게 예민하게 반응하며 잘 짖기는 합니다. 물론 사냥개로 키워진 테리어종인 스코티시테리어, 웰시테리어, 화이트테리어 등은 쥐, 오소리, 여우 등을 사냥하도록 개량되어 온 품종으로서 사냥감을 발견하면 짖습니다.

특별히 대형견과 소형견으로 나누어서 누가 더 잘 짖는가를 구별하기는 어렵습니다. 어렸을 때 사회화과정을 잘 거쳤느냐 아니냐가 더 중요하다는 사실을 잊지 마세요.

Q 반려견은 아프다는 것을 어떻게 표현하나요?

반려견도 통증을 느끼는 동물입니다. 통증을 나타내는 객관적인 데이터를 정리할 수 있는 표준 수치와 스코어 방식, 호르몬 측정 등이 있습니다. 15년간 수의사로 일하면서 가장 마음 아픈 점은 반려동물이 아프다고 표현하지 못한다는 것이었습니다. 증상을 말하지 못하는 반려견 대신 보호자들의 설명에 의존해야 합니다.

반려견들은 사람처럼 말로 표현하지 못하기 때문에 신음소리나 낑낑거리는 소리로 아프다는 표현을 합니다. 평소 건강할 때 앉던 모습과 다르게 앉는다거나, 호흡이 가빠지고 혀를 내밀고 헥헥거린다거나, 눈을 잘 뜨지 못하고 눈에 눈곱이 끼기도 합니다. 그리고 귀 외부가 붉어지고, 시큼한 냄새가 나고, 평소와 다른 귀지 색을 띠거나, 정상적 변이 아닌 설사, 점액변, 또는 아주 딱딱한 변을 보기도 합니다. 또한 엎드리지 못하고 앉아서 입을 벌리고 호흡을 가쁘게 하는 경우도 있습니다.

보호자들은 반려견이 평소와 다른 이상 행동이나 모습을 보이면 동물병원에서 검진해야 합니다. 증상을 설명하기 힘들다면 휴대폰으로 사진과 동영상에 담아 보여주는 것도 좋은 방법입니다.

잘 짖지 않기로 유명한 바센지

바센지(Basenji)는 중앙아프리카 콩고가 원산지로 야성미가 넘치는 반려견입니다. 이곳에서는 잘 짖지 않는 특성을 살려 사냥에 활용합니다. 쓸데없이 소리를 내어 사냥감이 눈치 채고 도망가는 일이 없지요. 주인에게는 어리광을 부리지만 낯선 사람에게는 강한 경계심을 품고 공격적일 수 있으니 주의하세요.

Q 반려견과 고양이를 같이 키워도 되나요?

개와 고양이를 같이 키우는 것은 문제가 없습니다. 다만 어렸을 때 개와 고양이가 함께한 경험이 있는지, 서로 사이가 얼마큼 좋았는지에 따라 함께 살 수 있을지 없을지가 결정됩니다. 따라서 반려묘를 함께 키우고 싶은 보호자라면, 반려견이 사회화과정에 들어가는 시기에 고양이와 시간을 보내게 해주고, 냄새를 맡게 하고, 함께 놀아보도록 경험시켜주는 것이 좋습니다. 물론 고양이 또한 반려견에게 잘 적응할 수 있어야 합니다.

그렇지 않으면 어렸을 때부터 사회성이 전혀 없고, 공격적이고, 난폭한 고양이를 처음 본 반려견은 고양이에 대한 두려움을 안고 평생 살아가게 될지도 모릅니다.

Q 낮에 혼자서 노는데 스트레스 받지 않을까요?

혼자 잘 노는 반려견은 오히려 스트레스가 적습니다. 반려견들은 풀밭을 뒹굴고 땅을 파헤치고 나뭇가지를 물어뜯으며 놉니다. 대신 집 안에서는 소파를 긁고 실내화를 물어뜯기도 합니다. 이 모습을 본 보호자들은 반려견이 심각한 문제행동을 보인다고 말하지만 그렇지 않습니다. 여러 연구를 통해 동물도 놀이를 즐긴다는 사실이 밝혀졌습니다. 동물은 놀이를 통해 다른 동물과 유대 관계를 형성하고 생존에 필요한 사냥 기술을 배웁니다. 무엇보다 놀이는 스트레스를 해소하고 긴장을 완화시킵니다. 집 안에서 반려견이 가지고 놀 만한 장난감을 제공해주면 좋습니다. 단, 몇 가지 주의사항이 있습니다.

첫째, 어린 시절부터 여러 가지 장난감을 제공해 집 안의 다른 물건에는 관심을 갖지 않게 합니다. 집 안 물건에 관심을 갖기 시작하면 교정하기가 어렵습니다.

둘째, 테니스공처럼 쉽게 삼킬 만한 크기의 장난감은 주의해야 합니다. 자칫 이를 삼켜 응급상황이 벌어질 수 있기 때문입니다.

셋째, 반려견이 깨물어 쉽게 부서지는 장난감은 피해야 합니다. 솜이 쉽게 빠지는 인형 등도 피하는 것이 좋습니다.

넷째, 날카로운 물건은 주지 않아야 합니다. 입안에 상처를 내기 쉽기 때문입니다.

다섯째, 집 안 물건의 일부가 낡았다고 반려견에게 장난감으로 제공하면 안 됩니다. 낡은 신발, 낡은 가방 등을 장난감으로 제공하면 비슷한 신발이나 가방을 손상시킬 가능성이 높습니다.

여섯째, 장난감을 제공한 후 잘 갖고 노는지 수시로 점검합니다. 기존 장난감에 금방 싫증을 느끼고 새로운 장난감을 좋아하는 경우도 있고 오래된 장난감을 더 좋아하는 경우도 있습니다. 반려견에게 장난감을 갖고 놀게 한 뒤에는 반드시 치워두는 게 좋습니다.

반려견이 혼자 노는 것에 익숙해지면 스트레스를 덜 받을 뿐만 아니라 보호자에게 과하게 집착해 생기는 분리불안 등 여러 문제를 예방할 수 있습니다.

Q 나뭇가지에 쓸려 상처가 났는데 핥아도 괜찮을까요?

반려견이 상처 부위를 핥으면 2차 세균 감염이 생길 수 있으므로 위험한 행동입니다. 상처를 보호하기 위해 밴딩이나 넥칼라를 하는 것이 좋습니다. 반려견의 침 속에는 이곳저곳을 핥아 세균이 많을 가능성이 높습니다. 또한 상처를 계속 핥으면 상처 부위가 침으로 젖어 염증이 더 오래갈 수 있습니다.

반려견에게 상처가 났을 때 집에 상비된 소독약으로 응급소독을 해줍니다. 하지만 상처가 깊거나 염증이 심하다면 동물병원에서 소독만으로 가능한지, 약물처방까지 받아야 하는지, 수술로 봉합하거나 제거해야 하는지에 대한 진단 후 적정한 치료를 받는 것이 현명합니다.

넥칼라 종류

아픈 강아지들이 상처 부위를 핥지 못하도록 씌우는 기구입니다. 씌울 때 너무 꽉 조이지 않게 손가락 두 마디 정도 여유 있게 씌우고, 넥칼라 밖으로 입이 나오지 않게 주의해야 합니다. 재질은 플라스틱과 패브릭으로 된 것이 있습니다. 플라스틱은 보편적으로 많이 쓰이지만 딱딱해서 불편한 단점이 있습니다. 패브릭은 플라스틱의 단점을 해소해주지만 옆을 보기가 힘듭니다. 튜브 형태는 크기 조절이 가능해서 좋지만 발을 핥을 수 있는데, 이 문제를 보완한 게 원반 넥칼라입니다.

02

반려견과 함께하는 행복한 교육 시간

Q 벌칙을 주면서 혼을 내야 하나요?

벌칙을 사용한 교육은 여러 가지 문제를 일으킵니다. 반려견과 보호자의 관계에 서열이 있어야 한다고 주장하는 사람들은 반려동물을 교육할 때 벌칙을 사용해야 한다고 말합니다. 하지만 벌칙은 교육 효과가 떨어지고 각종 부작용이 생길 수 있습니다. 여기서 말하는 벌칙은 물리적으로 신체적 위해를 가하는 것만 의미하지는 않습니다. 말로 혼을 내거나 공포감을 조성하는 모든 행위를 포함합니다.

벌칙이 효과적이지 않은 이유는 여러 가지입니다. 먼저 잘못된 행동을 한 그 순간에 혼을 내야 하는데 정확한 타이밍을 잡기 어렵습니다. 또한 잘못된 행동을 더욱 강화할 수 있습니다. 벌칙이 효과를 보려면 잘못된 행동이 일어날 때마다 벌칙이 행해져야 합니다. 만약 동물이 잘못된 행동을 할 때마다 벌칙을 받지 않는다면 벌을 받지 않을 때는 상대적으로 보상을 받았다고 인식합니다. 결국 간헐적 벌칙은 오히려 잘못된 보상 효과를 줘 바람직하지 않은 행동을 강화할 수 있습니다. 벌칙이 효과적이려면 강도가 충분히 강해야 합니다. 갈수록 보호자는 강도를 더 높이게 되고 어느 순간 신체적 손상이나 공포의 위험도 높아집니다.

무엇보다 벌칙은 보호자와 반려견의 신뢰 관계를 무너뜨립니다. 강도와 관계없이 벌칙은 동물에게 보호자에 대해 부정적인 인식을 심어줍니다. 또 벌칙은 보호자의 폭력성도 함께 증가시킵니다. 어느 순간 반려견에게 화를 내는 것이 습관화되고 반려동물과 보호자 사이의 신뢰관계는 더 이상 존재하지 않습니다.

벌칙을 교육이란 이름으로 포장해서는 안 됩니다. 교육을 빙자한 동물학대의 일종일 뿐입니다.

Q 반려견이 저를 무시하는 것 같아요

반려견의 조상 격인 늑대는 무리 지어 생활하며 각각의 무리에는 지배적 계급이 있고, 알파(리더)가 있습니다. 늑대의 자손인 반려견 역시 같이 생활하는 반려견들이나 때로는 사람에게도 상하관계를 의식하는 행동을 보이는 경우가 있습니다. 또한 보호자보다 자신이 우위에 있다고 생각하는 반려견은 보호자의 지시에 따르지 않거나 마음에 들지 않는 것에 대해 불만을 품고 보호자를 공격하는 경우도 있습니다. 이는 지배적 공격행동으로 알파신드롬이라고도 합니다. 알파신드롬은 보호자를 향한 공격행동뿐만 아니라 다양한 문제행동과 관련이 있는 경우가 있습니다.

예전에는 보호자를 향한 공격행동의 원인을 대개 알파신드롬 탓으로 돌렸습니다. 그러나 요즘은 반려견이 보호자를 공격하는 이유의 대부분은 알파신드롬보다 공포나 갈등으로 인한 행동으로 보는 것이 일반적입니다.

"쥐도 궁지에 몰리면 고양이에게 덤빈다."라는 속담처럼, 고양이에게 쫓기는 쥐조차도 궁지에 몰리면 고양이를 공격하기도 합니다. 즉 반려견은 자기 자신이 보호자보다 우위에 있다고 생각하여 공격하는 것이 아니라, 오히려 억지로 제압당하거나 체벌당할 때 등 보호자와 대립하는 상황에서 불안, 두려움, 공포를 느끼고 자기 자신을 지키기 위해 공격합니다. 보호자 중에서는 알파신드롬을 우려하여 반려견에게 만만하게 보이지 않으려고 반려견이 무서워하는 것을 무리해서 시키거나 필요 이상으로 강한 태도를 취하는 사람이 있습니다. 그러나 이러한 행동은 보호자의 의도와는 별개로 반려견과의 관계에서 불필요한 대립 구도를 만들게 됩니다. 그리고 반려견을 궁지로 몰아 결과적으로 공격성을 더욱 유발하거나 보호자와의 신뢰 관계를 무너뜨려 관계성을 매우 악화시킵니다. 보통 갑작스레 한 사람을 표적화해서 공격성을 보이는 대표적인 이유는 다음과 같습니다.

첫 번째는 억지로 제압하여 안정시키려 할 때입니다. 두 번째는 집에 손님이 왔을 때 무리하게 크레이트(이동장) 안에 넣으려 할 때입니다. 세 번째는 산책 중에 억지로 목줄을 잡아당겨 목줄이 빠져버려 다시 채우려 할 때 공격성을 보일 수 있습니다.

공격적인 행동을 본 보호자들은 반려견이 자신보다 우위에 있다고 생각합니다. 하지만 이러한 행동은 모두 보호자의 행동에서 반려견이 공포감을 느껴 자신의 몸을 방어하기 위한 행동일 뿐 알파신드롬과는 상관이 없습니다. 반려견을 강압적으로 복종시킬 수는 없습니다. 확실히 물리적

·강압적인 힘으로 제압한다면 반려견은 어쩔 수 없이 복종당할 수도 있지만 이러한 관계를 존중과 신뢰관계라고는 할 수 없을 것입니다.

사람과 마찬가지로 반려견도 강력한 보호자보다는 따뜻하고 관대한 리더를 원합니다. 반려견 역시 즐겁고 함께 있어서 안심할 수 있으며 의지할 수 있는 보호자를 원합니다. 이러한 보호자를 반려견은 신뢰할 것이며 리더로서 인정하게 될 것입니다. 즉, 보호자를 향한 공격행동을 예방하려면 일방적으로 강한 태도를 보이는 것이 아니라 제대로 된 신뢰관계를 맺는 것이 먼저라는 점을 인식해야 합니다. 반려견에게 좋은 리더가 되기 위해서는 반려견을 행복하게 해줘야 합니다.

반려견을 행복하게 하려면 반려견의 요구를 충족시키고 쾌적하게 생활할 수 있게 합니다. 반려견의 요구는 무엇일까요? 제일 중요한 게 식사입니다. 반려견에게 필요한 영양소가 균형 있게 들어간 식사를 줘야 합니다. 다음은 안심하고 지낼 수 있는 장소가 필요합니다. 그리고 적절하게 잡고, 쫓고, 무는 본능을 만족시킬 운동이나 놀이가 필요합니다. 사랑으로 대하는 보호자의 접촉이나 다양한 사람이나 다른 반려견과의 만남 등 사회적 자극도 중요합니다.

반려견도 사람과 마찬가지로 매일 즐겁게 생활하려면 이처럼 풍요로운 환경이 필요합니다. 그리고 질환을 예방하고 건강을 유지하기 위한 예방접종, 심장사상충 예방, 중성화수술 등의 건강관리와 위생상 필요한 관리(발톱 관리, 항문낭 관리, 귀청소 등)가 필요하다는 것도 명심해야 합니다.

Q 칭찬은 어떻게 하는 건가요?

혼내거나 칭찬할 때 "잘했어!"나 "안 돼!" 같은 단어를 정해서 사용합니다. 반려견은 사람의 말과 단어의 뜻을 이해하면서 알아들을 수 없습니다. 반려견을 칭찬할 때는 톤이 높고 상냥하고 밝은 말투와 함께 간식을 주면 반려견은 그 단어를 행동과 함께 이해합니다. 또한 반려견의 몸을 만져주거나 함께 놀아주어 보상과 칭찬에 대해 좋은 인상을 갖게 하

여 그 단어를 이해시킬 수도 있습니다. 반려견이 조금씩 규칙과 규율을 이해하면 칭찬과 보상을 꼭 간식으로 주지 않아도 됩니다. 스킨십만으로도 충분합니다.

반려견을 혼낼 때 어정쩡한 말투로 장황하게 말하면 반려견은 전혀 알아들을 수 없습니다. 낮은 목소리로 강하고 명확하게 싫어한다는 뜻을 전달해야 합니다. 혼을 내기보다 “안 돼!”라고 한 후 그 자리를 떠나는 것이 오히려 반려견이 알아듣고 이해하기 쉽습니다.

반려견을 한 번 혼냈다면 아홉 번은 칭찬한다는 생각으로 긍정적으로 대하려 노력합니다. 조금은 이해하며 반려견을 키워야 합니다. 특히 어릴 때 자주 혼을 내면 보호자와 모든 행동과 훈련에 부정적인 감정이 생겨 겁을 내거나 공격적으로 변할 수 있습니다.

보호자는 반려견이 사고를 칠 수 없는 안전한 환경을 만들어주는 것이 무엇보다 중요합니다. 반려견이 보호자와 약속한 행동을 할 때까지 긍정적으로 훈련하고 바르게 이끕니다. 또한 잘한 행동을 칭찬하고 보상하여 그 행동을 강화하는 것이 서로를 향한 존중을 보여주는 길입니다.

Q 간식을 어떻게 줘야 할까요?

올바른 간식을 주는 방법에 대해 알려드리겠습니다. 간식은 뇌물이 아닌 보상으로만 반려견에게 주어야 합니다. 뇌물로 간식을 주면 교육은 결국 실패하게 됩니다. 뇌물은 바람직하지 못한 행동을 바람직한 행동으로 유혹하기 전에 주는 것이고, 보상은 바람직한 행동과 교환하는 것입니다.

간식은 제일 좋아하는 것으로 해야 효과가 좋습니다. 행동 문제가 심할수록 평소 맛보지 못한 맛있는 간식으로 하면 효과가 더욱 좋습니다.

간식은 고단백식이 좋습니다. 고단백음식이 뇌 신경화학의 변화를 유도하고 긴장을 푸는데 많은 도움이 됩니다. 식이성 알러지가 있거나 약

을 먹고 있는 경우는 식이제한이 필요하기 때문에 동물병원에서 검사를 받은 뒤에 탄수화물과 단백질 함량을 결정하는 것이 좋습니다.

반려견 전용 과자나 사료는 새로운 행동을 배우기에 충분히 흥미를 이끌지 못할 수 있습니다. 반대로 너무 맛있어도 흥분을 가라앉히지 못할 수 있으므로 상황에 따라 적절한 것을 선택해야 합니다. 간식 크기는 최대한 작게 만들어야 합니다. 손톱 반 이하 크기로 작아야 배부르지 않고, 살도 찌지 않고, 지루해하지도 않습니다. 보통 1cm 이하의 큐빅 모양은 피딩토이에 넣기도 편하고, 보관도 쉽고, 여러 개로 나눠줄 수 있어서 좋습니다. 간식도 한 가지만 주면 흥미를 잃을 수 있으니 다양하고 맛있는 간식을 줘야 합니다.

명심해야 할 것은 사료를 먹지 않을 정도로 간식을 많이 준다든가, 간식이 전체 필요한 칼로리 중에 많은 비중을 차지해서는 안 됩니다.

간식은 통이나 봉투에 넣어 반려견이 닿을 수 없는 곳에 보관합니다. 그리고 한 번에 한두 개 정도만 손에 쥐고 있다가 반려견에게 보상이 필요할 때 줍니다. 조심할 것은 반려견이 간식 때문에 흥분해서 갑자기 달려들지 못하게 해야 합니다. 간식을 쥔 손은 뒤로 숨겼다가 주목을 끌려할 때 눈 쪽으로 옮겨서 쳐다보게 해야 합니다. 음식이 아닌 손을 볼 수 있게 살짝 손가락으로 간식을 가릴 수 있어야 합니다. 간식을 줄 때는 손을 쫙 펴서 주는 것이 좋습니다. 손가락 끝으로 간식을 주면 실수로 손가락을 물 수도 있으므로 좋은 방법이 아닙니다.

반려견이 손을 무서워하면 그냥 바닥에 떨어뜨려 주어도 괜찮습니다.

반려견이 보호자에게 다가오는 것조차 두려워하거나 어려워하면 조금 먼 거리에서 던져주면서 조금씩 다가오게 하는 것도 좋은 방법입니다.

반려견이 보호자를 마주 보는 것을 두려워한다면 매우 짧게 쳐다보게 한 다음 바로 간식으로 보상해줘야 합니다. 노려보듯 하지 말고 부드럽게 쳐다보고 정면으로 보는 것을 싫어하면 처음에는 옆으로 살짝 보는 것부터 시작해야 합니다. 반려견이 이러한 상황에 조금 익숙해지면 간식을 쥔 손을 눈에 대고 "눈!"이라고 말한 뒤, 쳐다보면 바로 간식을 제공합니다. 이런 과정을 통해 호흡하고 이완하는 것을 알려줄 수 있습니다.

훈련할 때 필요한 핸드콩 만들기

훈련할 때나 건강관리상 간식이나 사료를 바로 주지 않고 반려견의 관심을 끌면서 천천히 줘야 할 때가 있습니다. 이때 핸드콩을 활용하면 좋습니다. 핸드콩이 뭘까요? 엄지손톱 반 정도 크기의 작은 간식을 말합니다. 간식이나 사료를 손바닥에 여러 개 놓고 가볍게 주먹을 쥡니다. 동그랗게 말아 쥔 틈 사이로 냄새를 맡게 하면 반려견은 먹이를 먹기 위해 손에 집중합니다. 이때 손을 조금씩 풀어 사료나 간식을 천천히 먹게 합니다. 간식을 먹으려고 손 안의 냄새에 코를 박고 있는 사이 빗질이나 발톱 깎기 등을 할 수 있습니다. 혼자하기 어려울 때는 한 사람은 핸드콩을, 다른 사람은 교육이나 관리를 하면 됩니다. 평소 간식을 주거나 칭찬으로 보상할 때 핸드콩을 사용하여 몸 만지기를 반복해주면 좋습니다.

Q 간식이 없어도 말을 잘 듣게 하는 방법은 없나요?

“간식을 들고 있으면 집중력 있게 보호자만 쳐다보는데 간식이 없으면 본 척 만 척해요.” 손에 간식이 있는지 없는지가 최대 관심사일 겁니다. 평소 반려견과 약속한 규칙과 규율을 보호자가 일관되게 지키지 않았을 때 이런 경향이 나타납니다. 간식은 평소에 공짜 간식이 아니라 약속을 지켰을 때 보상으로만 줘야 합니다. 약속된 행동과 무관하게 안쓰러워서 준다든지 하면 나중엔 이름을 불러도 오지 않을 수 있습니다.

간식 대신 스킨십으로도 보상이 가능하지만, 산책 갈 때나, 집 안 곳곳에서 언제 어디서든 보상해줄 수 있도록 준비해둡니다. 조그마한 용기에 좋아하는 간식이나 사료를 담아 보관해두면 적절한 타이밍에 보상해줄 수 있습니다. 약속과 보상을 지켜나가는 것은 사람과 반려동물 간의 서로에 대한 존중입니다. 반려견을 키우는 데 중요한 것은 존중입니다.

Q 어린 반려견과 얼마나 놀아주는 게 좋을까요?

“잘 놀아주면 빨리 적응할 것 같은데요. 얼마나 놀아주면 좋을까요?”

반려견에 대한 애정이 지나쳐 첫날부터 많이 놀아주려는 보호자도 있습니다. 첫날은 안고 있거나 많이 놀아주는 것보다는 혼자 두고 공간을 탐색할 수 있는 시간을 주는 게 필요합니다. 혼자 놀 수 있는 장난감과 함께 혼자 있는 시간을 조금씩 늘려주어 혼자 있어도 무섭지 않고 흥미

있고 더 재미있다는 것을 알려주어야 합니다. 무섭고 외로울 것 같다며 지레 안아주고 함께 있어주는 것은 옳은 방법이 아닙니다.

1회에 20~30분 정도 매일 2~3회 놀아주고, 점점 시간을 늘립니다. 반려견이 에너지를 적절하게 쓸 수 있는 활동을 하는 게 좋습니다. 물론 더 놀아주어도 되지만 규칙적인 시간대를 이용해 서로 간의 규칙을 만듭니다.

노는 시간과 떨어져 있는 시간을 구분하는 이유는, 데려온 지 얼마 되지 않은 생후 3개월 이하의 반려견이 짧은 시간 내에 너무 심하게 놀면, 하루에 쓸 수 있는 칼로리를 다 써버려 탈진할 수 있기 때문입니다.

Q 집에 있으면 놀아달라고 바지나 양말을 물고 늘어져요

이러한 행동은 놀이할 때 공격성을 보이는 형태입니다. 혼을 내면 더 세게 무는데, 이런 놀이 공격성은 놀이 과정 전후 상황에서 벗어날 때 나타나는 공격성입니다. 정상일 수도 있고, 비정상일 수도 있습니다. 그리고 놀이를 시작할 때나 중간에 강도를 높이려고 할 때 나타날 수도 있습니다.

반려견이 놀 때 으르렁댄다고 모두 심각한 것은 아닙니다. 놀 때 으르렁대는 소리는 톤이 높고 짧으며 반복적입니다. 하지만 보호자에게 공격성을 보일 때는 톤이 낮고 길어집니다. 따라서 으르렁거리는 소리의 변화를 잘 살펴보아야 합니다. 놀이 중 공격적인 반려견은 목 위 털이 곤두서기도 하고, 귀를 눕히고 동공이 확장되는 등의 증상을 동반합니다. 부모형제 반려견과 일찌감치 분리되어 사람 손에 길러지면, 이처럼 다른 개들과의 놀이에서 과한 행동을 잘 억제하지 못하는 경우가 있습니다. 보호자가 신나게 해주려고 거칠게 놀아주다 보면 행동도 덩달아 거칠어질 수 있습니다.

공격성을 보이는 반려견이라면 장난감만으로 놀아줍니다. 장난감은 반려견의 머리보다 큰 것을 사용합니다. 반려견이 물려고 하면 그 자리에서 벗어나는 교육도 해야 합니다. 반려견과 놀다가 반려견의 입이 보호자의 팔에 닿으면 놀이를 끝내고 반려견의 곁을 즉시 떠납니다. 그리고 놀이를 다시 시작하려면 반려견에게 "앉아!"와 "기다려!"를 반복해서 흥분부터 가라앉힙니다. 또한 장난감을 바꿔주는 것도 효과적이고, "주세요!"라는 지시어를 통해 가지고 놀던 장난감을 내려놓을 수 있도록 훈련합니다.

반려견과 놀이를 끝낼 때는 앉으라고 한 후 칭찬해주며 흥분하지 않도록 쓰다듬어줍니다. 가지고 놀던 장난감을 망가뜨리거나 먹지 않으면 놀이가 끝났어도 그냥 가지고 놀 수 있게 놔둬도 괜찮습니다.

다른 반려견과 어울려 놀 수 있는 기회를 주는 것도 효과가 좋습니다. 평소보다 산책이나 놀이 횟수를 늘려 즐거운 놀이를 통해 에너지를 발산할 수 있게 합니다. 피딩토이 같은 행동학 장난감을 많이 주고 푸드퍼즐이나 워블러Wobbler를 통해 사료를 주는 것도 좋은 방법입니다. 놀이 공격성이 심하면 헤드칼라를 씌워 행동을 조절할 수 있게 합니다. 만약 이러한 노력에도 불구하고 여전히 공격성을 드러낸다면 동물병원에서 약물처방을 받고 행동 교정을 지속해야 합니다.

워블러

펫토이 브랜드인 Kong 회사에서 만든 제품으로, 사료를 효과적으로 그리고 재미있게 주기 위해 만들었습니다. 반려견이 코나 손으로 워블러를 건들면 회전하거나 구르면서 사료나 간식이 구멍에서 떨어져 나옵니다. 사료를 허겁지겁 먹거나 혼자 있는 시간이 길어 지루해하거나 분리불안 증상을 보이는 경우에 사용하면 도움이 됩니다.

Q 장난감에 싫증을 잘 내는데 어떤 장난감을 사주면 좋을까요?

반려견의 장난감은 실리콘, 봉제, 플라스틱, 간식을 넣을 수 있는 장난감 등 그 종류가 무척 다양합니다. 그런데 장난감이 좋고 나쁘고를 떠나 싫증을 잘 내는 이유는 매우 단순합니다. 장난감의 종류가 다양하지 못하거나 가지고 노는 방법을 모르기 때문입니다. 그저 장난감을 툭 던져주고 재미나게 혼자 놀게 하지는 않았나요? 반려견은 냄새를 맡고 핥아봤는데 흥미가 없으면 그냥 외면합니다.

반려견이 장난감에 흥미를 가질 수 있도록 하려면 함께 놀아줘야 합니다. 공처럼 생긴 장난감, 오뚝이처럼 생긴 장난감, 과일 모양의 봉제 인형 등 다양한 행동학 장난감들이 있습니다. 추천할 만한 장난감은 피딩토이feeding toys입니다. 주로 간식을 넣어주거나 습식간식, 파우치, 캔사료, 치약처럼 짜 먹이는 영양제나 간식 같은 것을 발라줄 수 있는 장난감을 준비하면 좋습니다. 간식 대신 사료를 10~20알 정도 피딩토이에 넣어주면 색다른 즐거움을 줄 수 있습니다. 하지만 과도한 간식을 넣어주면 사료를 먹지 않을 수 있으니 주의가 필요합니다.

반려견에게 간식을 넣어주거나 발라주는 장난감은 최고의 즐거움을 줍니다. 혼자 있는 시간에는 하루 5~7개 정도 집 안 곳곳에 숨겨놓습니다. 보물찾기 하듯 혼자서도 재미있게 놀 수 있고 후각을 발달시킵니다. 혼자 있을 때 갖고 노는 장난감은 매일 종류를 바꿔주는 것이 흥미 유발에 좋습니다. 함께 있을 때는 장난감을 치워두고 공놀이나 잡아당기기 등 함께 놀 수 있는 장난감으로 바꿔주세요. 혼자 있을 때와 보호자가 함께 있을 때 가지고 노는 장난감을 구별해서 사용합니다.

Q 마당에서 자기 전에도, 일어나서도 계속 땅을 파요

보통 반려견이 땅을 파는 이유는 다음과 같습니다. 냄새를 날리거나 남기기 위해서, 물건을 찾거나 다시 가지고 놀기 위해서(나무뿌리 등), 소리나 냄새 자극으로 다른 동물을 찾기 위해서, 먹거나 씹을 만한 것을 찾기 위해서(오래된 뼈 등), 체온조절을 위해서, 호기심과 심심해서 땅을 파기도 합니다.

반려견은 주로 냄새를 통해 신체 또는 사회적 정보를 얻습니다. 냄새에는 발정기, 침입자 여부 등의 다양한 정보가 들어있습니다. 이러한 이유로 배변·배뇨를 볼 때 정보를 확인하고 냄새를 퍼뜨리기 위해 땅을 팝니다. 따라서 자기영역이 아니거나 반려견들이 많이 다니는 곳을 더 많이 팝니다. 파는 과정에서 자기 발의 피지선에서 분비되는 냄새를 남기고, 또 긁은 모양을 통한 시각 요소를 남기기도 합니다.

사물이나 냄새 나는 물건을 찾기 위해 땅을 파는 것은 지적 능력과 후각 환경을 풍부하게 해주는 놀이입니다. 뿌리나 식물은 재미있게 가지고 놀 수 있는 좋은 장난감이기도 합니다. 쥐나 곤충 같은 다른 동물의 소리와 냄새 때문에 땅을 파기도 합니다. 더울 때는 땅이 시원하기 때문에 파고, 추울 때는 안에 들어가면 따뜻하기 때문에 땅을 파고 들어가는 것입니다.

그리고 사회적이고 활동적인 반려견이 심심하고 호기심 때문에 땅을 팔 수도 있습니다. 이런 반려견은 보호자가 놀아주거나 같이 놀 다른 반려견이 있다면 땅을 파지 않는다고 합니다.

땅 파기 욕구를 충족시킬 방법에는 여러 가지가 있습니다. 가죽, 간식, 장난감 등을 모래가 담긴 통에 묻어 찾도록 하거나, 플라스틱 수영장에 물을 조금만 채우고 푸드 퍼즐이나 얼린 간식을 띄워주면 효과적입니다. 얼린 간식은 호기심을 자극할 뿐만 아니라 더위 때문에 몸을 식히려고 땅을 파는 욕구도 충족시켜주는 데 매우 좋습니다. 축축한 곳을 파길 좋아하는 반려견에게는 유아용 수영장에 물을 채워 좋아하는 장난감을 넣어주면 매우 좋은 놀이터가 될 수 있습니다. 푸드 퍼즐을 통해 지적 호기심을 충족시켜줄 수도 있으며, 체온조절을 위해 여름에는 수영장, 선풍기, 젖은 모래를 채운 수영장과 나무 그늘을 제공하고 겨울에는 따뜻한 집 등을 제공해주면 좋습니다.

Q 물건에 대한 집착이 강해요

반려견이 소유한 물건에 대한 집착에서 비롯된 강박증상의 공격 성향이라고 말할 수 있습니다. 강한 소유욕을 가진 반려견은 보호자가 물건을 가지고 가려 할 때 지속적으로 공격성을 보입니다. 물건이 옆에 있거나 소유하고 있지 않아도 이런 공격성이 나타날 수 있습니다. 그런데 그토록 갖고 싶어 하면서도, 막상 가지고 놀지도 못하고 마냥 불안해하며 경직되어 있습니다.

비슷한 증상으로 보호자가 물건에 접근하거나, 가지고 놀 때 방해를 받으면 나타나는 충동 조절 공격성도 있습니다. 이때는 물건을 지키거나, 가지고 다니거나, 숨기려고 합니다. 또한 소유한 물건을 계속 감시하다 사람이나 다른 동물이 접근할 때 짖거나 위협합니다. 반려견과 놀 때 잘못된 벌칙이나 반려견을 놀리면 소유 공격성을 유발할 수 있으니 주의해야 합니다.

간혹 반려견의 물건을 언제든 뺏어도 된다고 가볍게 생각하는 사람들이 있는데 잘못된 생각입니다. 반려견이 장난감을 갖고 싶어 하면 차분히 앉아서 기다리게 한 후 보상으로 장난감을 줍니다. 그리고 반려견이 보호자에게 장난감을 가져왔을 때 칭찬하고 간식으로 보상합니다. 그다음에 "주세요."라고 말하면서 장난감을 받았다가 다시 그 장난감을 돌려주는 연습을 반복합니다. 반려견이 장난감을 가지고 놀다가 멈춘다든가, 장난감을 내려놓으면 칭찬하고 간식으로 보상해줍니다. 그리고 장난감을 가지고 다시 놀아주는 연습도 좋은 방법입니다. 장난감을 많이 준비하고 있다가 장난감에 집착하기 전에 계속 번갈아가면서 던져줘서 충분히 지칠 정도로 놀게 한 다음 끝나고 모두 회수하는 방법도 있습니다.

소유욕이 심해 집착 수준까지 보인다면 반려견이 지키려는 물건에 다른 반려견이 접근하지 못하게 하고 보호자도 건드리지 않아야 합니다. 그런 다음 맛있고 재미있는 보상을 통해 사람이 다가가도 흥분하며 반응하지 않도록 가르쳐야 합니다. “엎드려!”라고 말하면서 호흡수를 낮춰주는 것은 흥분한 반려견의 긴장 완화에 많은 도움이 됩니다.

반려견의 소유욕을 해결하는 방법 중에 소유 공격성을 자극하는 물건을 아예 없애버린다거나, 아니면 반려견이 집착하는 물건을 철저히 무시하는 방법이 있습니다. 하지만 반려견이 지나치게 집착하기 때문에 그렇게 두기도 어렵습니다. 가장 좋은 방법은 물건에 대해서 걱정할 필요가 없다는 것을 가르쳐서 지시에 따라 물건을 내려놓게 만드는 것입니다.

가장 중요한 기초교육은 존중, 심호흡, 이완을 하는 것입니다. 바로 “앉아!”, “기다려!”, “엎드려!”의 자세입니다. 차분하게 이완한 채로 앉거나 엎드려서 천천히 호흡하면서 기다리게 합니다. 반려견이 바로 볼 수 있도록 2~3미터 앞에 물건을 놓습니다. 그렇게 쳐다보면서 호흡하고 있으면 보상을 해줍니다. 기다리라고 지시하면서 물건을 들었다가 바로 제자리에 놓습니다. 잠시 떨어졌다가 다시 돌아왔는데도 반려견이 움직이지 않고 그대로 있었다면 그에 대해서도 보상을 해줍니다. 물건을 집어 올리는 것과 돌아와서 보상하기를 계속 반복합니다. 물건과 반려견의 간격을 매우 천천히 좁혀가면서 반려견이 움직이지 않고 있으면 그때마다 매번 보상해줍니다. 만약 반려견이 무척 예민한 상태라면 헤드칼라를 착용하고 연습해야 안전합니다.

맛있는 생가죽 껌이나 뼈는 음식 집착이 없는 경우에만 사용해야 합니다. 너무 맛있는 음식으로 교육하지 않는 것이 안전합니다. 앉아서 기다리는 것만으로는 절대 안 됩니다. 반드시 심박수를 낮춰주고 흥분을 가라앉혀서 호흡으로 이완해야만 합니다.

Q 저나 이웃에게 반갑다고 덤벼들어 놀라게 하는 일이 많아요

반려견이 보호자에게 달려드는 것은 의도적인 행동은 아니지만, 비 오는 날이나 외출하려 할 때 달려들면 바지를 더럽힐 수 있어 매우 난처한 상황이 벌어지기도 합니다. 잘못하면 어린아이나 어르신에게 갑자기

뛰어들어 놀라서 넘어지거나 상처를 입힐 수도 있습니다. 이렇게 갑자기 뛰어들 때마다 행동을 저지하기 위해서 보호자나 주변 사람들이 큰 소리를 내어 화를 내거나 쓰다듬어주면 안 됩니다. 그렇게 하면 의도한 상황과 반대로 이러한 행동을 더욱더 잘한다고 부추기는 꼴이 됩니다.

반려견에게 비가 오니 "내가 달려들면 바지를 버릴 수 있으니 오늘은 조심해야지.", "스타킹을 신고 있으니 올이 나가지 않게 조심해야지."라고 보호자의 사정과 날씨 상황에 맞춰 알맞은 행동을 가려서 할 수는 없습니다.

이런 경우는 반려견이 어릴 때부터 어떤 상황에서도 달려들지 않도록 미리 가르치고 교육할 필요가 있습니다. 사람들과 마주할 때마다 바로 덤비지 않고 흥분을 가라앉히고 그 자리에 앉는 방법을 가르쳐야 합니다.

우선 "앉아!"라는 지시어를 가르칩니다. 트레이닝을 할 때뿐만 아니라, 간식과 사료를 주면서 쓰다듬을 때나, 산책을 나갈 때에도 반려견에게 좋은 일이 생기기 전에 우선 먼저 제자리에 가만히 있는 습관을 들여야 합니다. 그리고 간식 등으로 적절한 보상을 해줍니다. 지시어와 함께 바로 앉고, 규칙을 지키며 앉아 있는 시간을 점차 늘려가서 사람을 보면 자발적으로 앉는 연습을 시킵니다.

그러고 나서 보호자와 반갑다고 인사하는 연습을 합니다. 우선 반려견에게 목줄을 채워 어딘가에 묶어두거나 누군가에게 가지고 있게 합니다. 반려견이 다리 쪽으로 달려들며 다리를 올려대면 절대 발로 차거나 "하지 마!"와 같은 부정적인 지시어를 말하지 않아야 합니다. 그리고 반려견의 시선을 피한 채 반대로 휙 자세를 돌렸다가 조금 떨어진 곳에서 다시 반려견에게 다가갑니다. 다가갔을 때 뛰어들면 같은 방법으로 돌아섭니다. 조금 시간을 두고 다시 다가갑니다. 또 뛰어들면 등을 돌립니다. 이 방법을 수차례 반복합니다. 그러면 어느새 반려견도 자신이 발을 대고 반기면 보호자가 외면하는 것을 알게 됩니다. 보호자가 싫어하는 만큼 반려견은 그런 행동을 하지 않게 됩니다. 이런 방법을 '긍정강화훈련'이라고 합니다. 바른 행동을 할 때까지 소리를 지르거나 때리거나 목줄을 잡아당기지 않습니다. 반려견이 바른 행동을 할 때까지 묵묵히 기다려주는 인내가 필요합니다.

Q 자기 집에서 자지 않고 저와 함께 자려고 짖어요

상황을 좀 더 상세하게 알아야겠지만 대략 두 가지 경우로 나눌 수 있습니다. 우선 반려견이 보호자와 좀 더 놀고 싶은 것 같습니다. 자기의 체력과 기분대로 실컷 놀지 못하고 보호자의 일방적인 놀이 중단에 불만이 있을 수 있습니다. 좀 더 놀고 싶은데 보호자가 장난감을 치우자 집착이 생겨 달라고 짖을 수 있습니다. 반려견이 짖으면 마지못해 혼자 놀라고 던져준 장난감에 반려견이 보호자와 다시 놀 수 있다는 기대감에 짖는 경우도 있습니다. 항상 신나고 재미있게 놀고 난 후에는 반려견이 흥분되어 있다는 걸 명심해야 합니다. 이때 놀이가 끝났음을 알려주는 마무리 과정이 필요합니다. 물론 대화로서 "이젠 그만!"이라고 말해봤자

전혀 알아듣지 못합니다. 놀이나 다른 활동을 마치고 나면 항상 "앉아!", "기다려!", "엎드려!"를 지시해 흥분된 감정을 가라앉혀야 합니다.

또 다른 경우는 보호자와 떨어지기 싫어서일 수도 있습니다. 반려견이 보호자와 함께 잠든 경험이 있어 침실 문을 닫으면 보호자를 부릅니다. 그래서 짖게 되는데 짖는 소리가 점점 심해집니다. 이는 보호자가 시끄러운 상황을 견디지 못하고 다시 방문을 열어 반려견과 마주하기 때문입니다. 결과적으로 반려견이 짖으면 보호자가 응답하여 문을 열어 주는 상황이 되다 보니 반려견에게 학습이 된 것입니다.

시끄럽다고 소리를 지르거나, 말로 설득하거나, 초크체인을 사용하여 세게 잡아당겨 교정할 수도 있겠지만 이는 강도를 점점 세게 해야 하는 결과를 초래합니다. 반려견이 보호자와 떨어지는 것에 대한 두려움이나 긴장감이 시작되고 나면 교정이 힘들어집니다. 낮이나 다른 시간대에도 떨어지는 연습을 해야 합니다. 반려견이 자기 집으로 돌아가서 기다리게 하는 연습도 시켜야 합니다. 놀다가 방으로 곧장 들어가기보다는 잠자기 전에 반려견이 집으로 들어가는 모습을 보고 편안하게 앉거나 엎드리는 상황에서 보호자를 기다리는 연습을 시킵니다. 기다리는 시간을 30초, 1분, 3분, 5분, 10분 등으로 점차 늘려서 보호자와 떨어져도 금방 돌아온다는 것을 알려주어 반려견을 안심시킵니다.

Q 중성화했는데도 '붕가붕가'를 자주 해요

'붕가붕가'는 강아지의 마운팅mounting을 부르는 말인데요. 교미 행위를 연상시켜서 당황스럽지만 개들에게는 매우 정상적인 행동입니다. 마운팅을 하는 이유는 무척 다양합니다. 번식 본능에 따른 성적인 행위만을 의미하지 않습니다.

첫째, 중성화를 하지 않은 수컷은 1년 내내 교미가 가능하고 암컷은 생리기간일 때가 발정기입니다. 발정기 암컷의 냄새를 맡은 수컷이 흥분하면 마운팅을 합니다.

둘째, "이 구역의 리더는 나야!"라는 서열을 알려주기 위해 마운팅을 하기도 합니다.

셋째, 자신이 마운팅할 때 보호자가 격렬한 반응을 보인 경험을 했다면 관심을 끌기 위해 마운팅을 합니다.

넷째, 기분이 좋을 때 혹은 극도로 긴장하고 흥분했을 때 마운팅을 하기도 합니다.

다섯째, 생식기 부분에 자극이 있거나 건강상 이상이 있을 때도 마운팅을 합니다. 이때는 검진을 받아 적절한 치료를 합니다.

여섯째, 사회화교육이 부족해 같이 놀아 달라는 요구를 마운팅으로 하는 경우가 있습니다.

마운팅이 낯뜨거워 "하지 마!", "안 돼!"라며 혼을 내거나 윽박지르는 것은 사람과 반려견 사이의 신뢰를 무너뜨리는 행동입니다.

마운팅할 때 말로써 설득하려는 행동 또한 잘못입니다. 반려견에게는 "잘했어?", "재밌어?", "재밌지?" 등의 응원하거나 호응하는 언어로 들릴 뿐입니다. 격려한 반응을 보일수록 보호자가 좋아한다고 착각할 수 있기 때문입니다.

마운팅을 하면 말없이 살짝 밀어내면서 자리를 비웁니다. 여기서 중요한 점은 아무런 말도 하지 말고 시선도 마주치면 안 된다는 것입니다. 그저 조용히 묵묵하게 자리를 비워야 합니다. 그리고 5~10분 정도 있다가 다시 돌아와서 아무 일 없듯이 평소대로 놀아주면 됩니다. 마운팅을 하면 함께하던 놀이가 중단된다는 것을 알고 마운팅이 부정적이라는 것을 알게 됩니다.

강아지의 마운팅

마운팅은 '오르다'라는 뜻으로 강아지가 사람의 팔, 다리나 인형, 베개 등을 자신의 다리 사이에 끼우거나 다른 강아지의 등 뒤에 선 채로 엉덩이를 들썩이는 행동을 말합니다.

03

식사 매너가 좋은 반려견을 만든다

Q 사료는 어떻게 챙겨주는 게 좋을까요?

보통 사료 급여 횟수는 4개월까지 반려견에게는 하루 3~4회, 5개월부터 1년까지는 2~3회 정도, 그리고 7살 성견까지는 1~2회(2회 추천)을 하고 그 이후 노령견은 2회 이상(건강 상태에 따라 횟수 조절)을 줘야 합니다. 데려온 지 얼마 되지 않은 반려견의 경우에는, 반려견을 데리고 있던 곳에서 어떠한 사료를 먹였는지 미리 알아보고, 웬만하면 같은 브랜드의 사료를 준비합니다. 그 사료를 물에 불려 먹였는지, 그냥 먹였는지도 물어봐야 합니다. 사료를 불려 먹일 때에는 3~4일 간격으로 조금씩 덜 불리고 점점 딱딱하게 해주어서 건식사료를 씹어 먹을 수 있게 합니다. 사료를 불려서 먹던 반려견에게 갑자기 딱딱한 건식사료를 주면 못 먹을 수 있습니다. 점점 자라는 유치 발달을 위해 조금씩 불리는 정도를 줄여 나중에는 딱딱한 건식사료를 먹을 수 있게 합니다. 그래야 치아 발달과 유치(생후 6~7개월까지의 이빨)에서 영구치로 교체하는 데 좋습니다.

사료를 불규칙하게 주거나, 늘 밥그릇에 사료를 가득 채워 놓으면 과식하게 되어 건강 이상이나 문제 행동을 야기할 수 있습니다. 보호자분들이 출근이나 등교로 인해 밤늦게 돌아오면서 반려견이 혼자 배고프고 힘들지 않을까, 하여 자유 급식이나 자율 배식을 사용합니다. 바쁜 현대인들이 제시간에 사료를 줄 수 없는 사정은 이해하지만 자유 급식이나 자율 배식은 바람직하지 않습니다. 시간에 맞춰 사료를 주는 것이 중요합니다. 최소 3구 이상의 자동 급식기를 이용해 일정 시간에 사료를 먹을 수 있게 신경 쓰는 것이 좋습니다.

사람도 불규칙하게 식사를 하면 위장병에 시달릴 수 있습니다. 반려동물도 마찬가지입니다. 규칙적인 식사로 위장관 질환에서 벗어날 수 있습니다. 행동의학적 측면에서도 중요합니다. 하루 두세 번 사료 급여는 반려동물과 하는 약속의 시작입니다. 누누이 강조하지만 반려견과 사람 사이에는 서열이 없습니다. 서로 정해진 규칙과 규율에 따라 약속을 지키며 함께 살아가는 관계입니다.

사료를 주고 남기거나 먹지 않아도 정확히 20분이 지나면 치웁니다. 제시간에 밥을 먹지 않으면 먹을 수 없다는 약속을 가르쳐야 합니다.

밥그릇과 물그릇은 집과 화장실 사이에 두되, 집 가까이에 두는 것이 좋습니다. 반려견 스스로 화장실과 집을 구분하는 시기가 오기 때문에 사료와 물그릇은 집과 가까이에 둡니다.

물은 항상 신선하게, 매일 같은 시간, 같은 양으로 줍니다. 그래야 평소보다 물을 덜 먹었는지, 더 먹었는지를 알 수 있습니다. 평소와 물 먹는 양이 다르다면 건강에 문제가 생겼을 수 있기 때문에 반려견을 주의 깊게 살펴봐야 합니다. 동물병원에 데려가서 진찰을 받는 것도 좋습니다. 초기 대응을 빨리하는 것이 질병을 예방하는 지름길이니까요.

Q 사료를 주려고만 하면 흥분해요

반려견 교육의 핵심은 '흥분'을 관리하는 것입니다. 흥분은 모든 문제 행동의 출발점입니다. 대부분의 반려견은 사료나 간식을 먹을 때 가장 흥분합니다. 많은 보호자들이 먹이를 줄 때 반려견이 보이는 흥분을, 좋아서 그러는 것으로 오해해 대수롭지 않게 넘기기 일쑤입니다. 사료나 간식 등 먹이를 줄 때 반려견이 흥분해서 가만히 있지 못한다면 우선 반려견을 진정시켜야 합니다.

흥분한 반려견을 진정시키는 방법은 "앉아!"라고 지시하는 것입니다. 지시를 따랐을 때 먹이를 주고 따르지 않으면 10초 정도 자리를 피했다가 다시 시도해야 합니다. 너무 오래 자리를 뜨거나 아예 먹이를 주지 않으면 오히려 역효과가 날 수 있으니 주의하세요.

보호자가 먹이를 반려견의 시선보다 높게 들고 있으면 반려견은 음식을 쳐다보다가 자연스레 앉은 자세를 취할 수도 있습니다. 이때를 놓치지 말고 바로 칭찬하며 먹이를 줍니다. 조금씩 습관이 들면 잠시 앉은 상태에서 기다리게 한 후 먹을 것을 주면 더욱 예절 바른 반려견이 될 수 있습니다.

또 한 가지 문제는 반려견이 먹이를 먹는 시간입니다. 대다수 반려견은 지나치게 짧은 시간에 먹이를 해치웁니다. 허겁지겁 먹는 습관은 음식을 과잉 섭취하게 만들며, 먹는 데 소비하는 시간과 에너지를 지나치게 줄입니다. 이는 다른 문제행동을 일으키는 원인이 될 수 있습니다.

이런 경우 다양한 방식으로 먹이를 제공하는 것이 좋습니다. 퍼즐처

럼 생긴 장난감에 먹이를 넣어서 주는, 일명 '푸드 퍼즐'이 가장 흔히 사용되는 방법입니다. 반려견은 먹이를 꺼내기 위해 장난감을 이리저리 움직여야 하기 때문에 사료를 천천히 먹게 될 뿐만 아니라 많은 에너지와 시간을 사용하고 그 자체가 좋은 놀이가 됩니다. 사료를 바닥에 넓게 뿌려주는 것도 하나의 방법입니다. 좋아하는 간식을 반려견이 접근할 수 있는 곳에 숨겨두는 방법도 있습니다.

Q 똑같은 사료만 먹으면 질리지 않을까요?

사료는 펠렛 형식의 시리얼 모양으로 되어 있습니다. 사료마다 맛과 향이 다르지만 사람들 눈에는 맛이 없어 보입니다. 일부 보호자들은 식사할 때마다 과일이나 음식을 반려견에게 먹이려고 합니다. 하지만 반려견에게 사람이 먹는 음식을 함부로 주면 안 됩니다. 사료는 충분한 영양소를 갖추고 있습니다. 따라서 사람이 먹는 음식을 줄 필요는 없습니다.

사료를 잘 먹지 않는 데는 여러 가지 이유가 있습니다. 치아 상태가 좋지 않거나 소화기장애가 생겼을 수도 있습니다. 이런 경우에는 부가적으로 구토와 설사를 동반하기 때문에 이런 증상을 함께 보인다면 검진을 받는 것이 좋습니다.

사료를 잘 먹지 않는 또 다른 이유로는 반려견과 보호자의 습관에 있습니다. 사료를 불규칙하게 줘서 규칙적인 식습관을 갖지 못했을 때, 간식을 무분별하게 줬을 때, 산책과 놀이가 부족해서 칼로리 소모 및 대사

량 소모가 잘 되지 않을 때, 보호자 앞에서만 먹으려고 하는 집착 행동 등이 원인으로 꼽힙니다. 이런 경우 배가 고프지 않을 뿐만 아니라 흥미도 잃은 상태여서 잘 먹지 않습니다.

사료는 규칙적으로 제때 주는 것이 좋습니다. 자유급식은 반려견과 사람과의 올바른 형성을 위해 필요한 약속과 존중에서 벗어나는 행동입니다. 제시간에 사료를 주었을 때 먹지 않으면 바로 사료 그릇을 치워 먹을 수 없다는 사실을 일깨워주는 게 필요합니다. 물론 보호자가 불가피한 사정으로 생활이 불규칙하다면 자동급식기를 추천합니다. 되도록 3구에서 5구 이상 되는 자동급식기로 제시간이 지나면 빈 그릇으로 나올 수 있는 자동급식기라면 더욱 효과적입니다.

Q 우리가 식사할 때 옆에서 자꾸 달라고 보채요

"식사할 때 자꾸 반려견이 먹을 것을 달라고 보채요."라고 호소하는 보호자들이 많습니다. 반려견에게 음식을 거리낌 없이 주는 보호자도 있지만 달라고 보채는 통에 어쩔 수 없이 주는 보호자도 있습니다.

단언컨대 사람이 먹는 음식은 반려견에게 여러 가지 문제를 일으킵니다. 가장 큰 문제는 반려동물에겐 독이 되는 음식이 많다는 사실입니다. 특히 양파는 반려견이나 반려묘의 적혈구를 파괴해 빈혈을 유발하며 초콜릿은 적게 먹었을 경우엔 설사와 흥분에서 그치지만 많이 먹었을 경우엔 경련 등 신경증상을 일으킬 수 있습니다. 자일리톨은 저혈당과 간괴사를 유발할 수 있고 포도는 급성신부전을 일으킵니다. 또 칼로리가 높아 비만을 부릅니다. 구토, 설사 등 소화기 증상을 유발할 뿐 아니라 흡수된 염분은 심장과 콩팥에 부담을 줍니다. 첨가된 조미료들은 매우 자극적이라 소화기 증상을 일으키며 장기에 부담을 줍니다.

무엇보다 반려동물의 영양 불균형을 야기하며 주식인 사료를 싫어하게 될 수도 있습니다. 반려동물이 쓰레기통을 뒤지거나 식탁을 덮치는 등 사고 확률도 높아집니다. 식사시간이 반려동물로 인해 지속적으로 방해받는다는 점도 문제입니다.

이 같은 까닭에 사람이 먹는 음식을 주지 않는 것이 좋지만 이미 식사할 때 달라고 짖거나 보챈다면 어떻게 해야 할까요? 먼저 식사 중에 반려견이 보채더라도 반응하지 않아야 합니다. 그렇다고 계속 무시하는 것이 쉽지는 않습니다. 반려견이 잠시라도 짖지 않고 기다리는 순간을 잘 포착해 간식을 제공합니다. 처음에는 얌전히 있는 순간을 포착해 즉시 보상해야 효과를 볼 수 있습니다. 조금씩 익숙해지면 기다리는 시간을 점점 늘려가며 간식을 제공합니다. 평소 "앉아!" 하고 기다릴 때 사료나 간식을 제공하면 교육에 도움이 됩니다. 반려견이 보챌 때는 절대 간식을 주면 안 됩니다.

완전히 익숙해지면 사람들이 식사를 모두 마쳤을 때 보상으로 간식을 제공합니다. 교육에 성공하려면 가족 모두 일관되게 행동해야 합니다. 사람이 먹는 음식을 워낙 좋아하는 반려견들은 간식에 관심을 보이지 않을 수도 있는데 이 경우 닭가슴살을 삶아 조금씩 간식으로 주면 됩니다.

문제는 생기기 전에 예방하는 것이 좋습니다. 처음부터 가족식사 식탁에서 절대 반려동물에게 음식을 주면 안 됩니다. 이것이 사람과 반려동물 모두를 행복으로 이끄는 길입니다.

Q 보호자가 눈앞에 없어야 사료를 먹어요

아마도 반려견의 식사시간이 불규칙하기 때문인 듯합니다. 공짜 간식을 너무 많이 주거나, 너무 자주 주거나, 아니면 사료를 불규칙하게 주기 때문입니다. 이럴 때는 반려견에게 주는 간식의 양과 언제 주는지 확인해볼 필요가 있습니다. 약속을 잘 지켜서 주는 보상으로 간식을 주는 것이 아니라 예뻐서, 귀여워서, 밥을 잘 안 먹어서, 혼자 노는 것이 안쓰러워서 등 기타 이유를 붙여 간식을 주는 것은 아닌지 점검해보세요. 간식을 주는 줄 알고 있다가 간식을 요청할 보호자가 없을 때 마지못해 사료를 먹는 경우일 수도 있기 때문입니다. 무분별한 간식 주기를 중단하고 규칙적인 식습관을 들이는 게 중요합니다.

☆ 20분 안에 먹지 않으면 사료 치우기

아이를 키울 때 식습관을 잘 들이는 것이 중요하듯 반려견도 마찬가지입니다. 사료를 주고 20분이 지나면 먹지 않았거나 사료를 남겼더라도 밥그릇을 치웁니다. 제시간에 밥을 먹지 않으면 먹을 수 없다는 것을 알려주기 위해서랍니다.

Q 다가가기만 해도 짖으면서 밥을 먹어요

"4~5개월부터 밥을 먹을 때 화를 내거나 짖습니다. 몸 만지기에 익숙하게 하려고 밥 먹을 때 등을 만지는데, 물려고 해서 체벌을 가한 적이 있어요. 지금은 증상이 점점 심해져 다가가기만 해도 짖으면서 밥을 먹는데 어떻게 하면 좋을까요?"

이런 경우는 지금까지 식사를 불안한 상태에서 했기 때문에 식사시간을 보호자와 대결이나 결투로 인식하고 있을 가능성이 있습니다. 반려견에게 체벌을 가하면 대부분 공격성만 더 키울 뿐입니다. 특히 웰시코기, 비글, 바셋 하운드처럼 성격이 강한 품종은 체벌을 가할수록 더욱 더 공격성을 띱니다.

이미 반려견에게 좋지 않은 식습관이 지속되어 왔기에 문제행동을 해결하려면 좀 더 장기적인 계획을 가지고 접근해야 합니다.

긴장하며 밥을 먹어야 하는 시간이 아니라는 사실을 알려주기 위해 식사시간, 장소, 식기 등을 바꿔서 기분을 전환할 수 있게 합니다. 지금까지와는 다른 식기와 다른 장소에서 밝은 목소리로 "앉아!", "기다려!"를 통해 흥분을 가라앉힌 후 먹게 합니다. 사료를 먹고 있을 때는 옆에서 떨어져 반려견이 차분하게 먹을 수 있게 합니다. 안심하고 사료를 먹고 있으면 보호자는 떨어진 상태에서 좋아하는 간식을 준비해 밥그릇 근처에 던져줍니다. 이때 반려견이 화낼 정도로 가까이 가지 않습니다. 화낼 정도로 가까이 갔을 경우에는 간식을 던져주지 말고 거리를 더욱 멀리 합니다.

그리고 다시 간식을 던져주며 조금씩 거리를 좁혀갑니다. 거리가 상당히 좁혀졌으면, 간식을 부드러운 공 위에 올려서 밥그릇에 넣어줍니다. 부드러운 천이나 공으로 된 장난감을 이용하면 혹시나 반려견이 물려고 했을 때 상처를 예방할 수 있습니다. 이 방법을 통해 보호자가 식사 중에 다가오는 것은 자기를 괴롭히거나 음식을 뺏으려는 것이 아니라 자기가 좋아하는 것을 주려고 하는 것임을 반려견에게 학습시킵니다. 무리하지 않고 끈기 있게 하면 화낼 일이 사라집니다. 식사 중에 몸을 쓰다듬고 싶다면 평소 간식과 사료 먹을 때, 기분이 좋아졌을 때 몸을 만집니다.

Q 사료를 먹고 있을 때 다가가면 짖고 물려고 해요

사료 먹을 때만 으르렁거리며 보호자에게 공격성을 보이는 것은 반려견에게서 나타나는 흔한 증상 중 하나입니다. 만약 허기져서 배고픈 경우에 보이는 공격성은 다른 반려견의 방해 없이 조용히 식사할 수 있게만 하면 쉽게 해결될 수 있습니다. 그와 달리 사료나 간식 같은 음식에 집착하여 나타나는 공격성은 습관을 고칠 수 있도록 교정해줘야 합니다. 굶기거나 배고픈 상황이 아닌데도 간식이나 사료를 먹을 때 지속적으로 공격성이 나타날 때를 말합니다.

되도록이면 습식사료보다는 건식사료를 제공하고 절대 자율급식을 하지 않아야 합니다. 그리고 안전문이나 울타리로 보호된 공간에서 음식을 먹게 합니다. 사람이나 다른 동물이 접근하기 쉽지 않은 공간에서 먹게 하는 것이 좋습니다.

어렸을 때부터 사료나 간식을 두고 경쟁하지 않도록 교육하면 좋습니다. 이유기 때 어미 개가 토한 것을 강아지에게 주듯이 오트밀 죽처럼 불린 사료를 줍니다. 여러 마리를 키운다면 각각 자기 그릇에 나누어 주거나 아주 큰 접시에 줍니다. 그렇게 사료를 혼자서 독차지할 수 없다는 것을 알려줍니다. 간혹 다른 형제들에 비해 유독 크거나 작을 경우 먹는 양이 더 적거나 힘에 밀려서 덜 먹는 경우도 있으므로 꼭 체크를 합니다. 너무 많이 먹으면 분리해서 먹이며 음식에 대한 접근을 통제해주고, 반대로 잘 먹지 못하면 식사시간 때 따로 음식을 더 챙겨주는 보호가 필요합니다.

그리고 생후 2개월까지 적절한 영양 공급을 받지 못하면 반려견의 뇌 발달에 문제가 생겨서, 예민하게 반응하는 행동학적 문제가 많아집니다. 강아지 때 입양한다면 부족하기 쉬운 오메가-3 지방산DHA으로 이루어진 영양제나 보충제를 먹이면 좋습니다. 이렇게 부족한 영양소를 채워주면 뇌 발달에 도움을 줘서 행동학적 문제를 예방할 수 있습니다.

강아지의 뇌 발달을 위한 최선의 방법은 최소 6~8주까지는 어미 개가 수유하도록 두는 것이 좋습니다. 그러면서 형제자매들과 사회성을 키울 수 있습니다. 딱딱한 건식사료를 먹기 시작하면 치아 발달에 도움이 되는 개껌 종류들을 제공해야 합니다. 여러 마리면 각각 따로 줘서 서로 싸우지 않게 합니다. 만약에 한 마리가 모두 차지하려고 하면 다른 반려견의 것을 빼앗지 못하도록 그 한 마리를 따로 떼어놓고 먹게 합니다.

생후 4~5주부터는 간식을 먹기 위해 "앉아!"라고 말하며 교육시키는 것이 좋습니다. "앉아!", "기다려!"를 할 때까지 사료를 주지 않으면 먹기 전에는 앉아서 기다려야 한다는 것을 알게 됩니다. 다른 형제자매 강아지들과 함께 먹이를 줄 때는 무작위로 주는 것이 좋습니다.

만약 사료 그릇을 치울 때 흥분하는 반려견이라면 빈 사료 그릇을 이용해서 "앉아!", "기다려!" 훈련 연습을 먼저 시킵니다. 처음에는 빈 그릇을 들고 훈련을 시키고 잘하면 손으로 사료 몇 알을 줍니다. 이러한 약속이 익숙해지면 그릇에 직접 사료를 넣어주며 내려놓고 시킵니다. 나중에는 바닥에 둔 그릇에 사료가 남아있을 때에도 "앉아!", "기다려!"를 시킨 후 그릇을 가져가면 아무런 저항이 없습니다.

Q 밖에 나오면 아무것도 먹지 않아요

집에 있을 때 어떤 식습관을 가지고 있는지가 매우 중요합니다. 끼니 때마다 정량의 사료를 주고 나서 10~20분 안에 그릇을 비우는 규칙적인 식습관을 갖고 있는지, 아니면 사료를 듬뿍 담아 먹고 싶을 때마다 먹게 하는 자율급식을 하는지에 따라 영향을 받습니다. 자율급식이라면 집 안에서든 밖에서든 언제든 먹을 수 있다는 생각에 먹지 않으려고 하는지도 모릅니다.

혹은 밖에 나가는 데 대한 두려움이 있는지도 모릅니다. 밖에 나가는 것을 싫어하지 않는 데도 아무것도 먹지 않는다면 외출하면서부터 긴장하고 흥분해 있는 것인지도 모릅니다. 외부 환경에 대한 두려움과 공포가 있을 가능성이 높습니다. 식탐이 강하더라도 긴장과 두려움이 있으면 먹지 않을 때가 있습니다. 언제부터 먹지 않았는지, 처음부터 먹지 않았는지 잘 관찰해야 합니다.

외출 첫날부터 먹지 않았다면 외부 환경에 대한 적응과 연습 없이 무작정 외부에 노출되었기 때문입니다. 한편 평소 외출을 잘 하다가 갑자

기 아무것도 먹지 않는다면 외출에서 어떤 충격적인 공포나 두려움을 느꼈을 수 있습니다. 외출만 하면 동물병원에서 주사를 맞은 기억밖에 없거나, 펫숍에서 애견 미용을 받을 때의 스트레스만 있었을 수도 있습니다. 아니면 외출을 하는 그 순간에 무서운 소리를 들었을 수도 있습니다.

두려움이 많아서 외출 시에 먹지 않는 것이라면 외출의 즐거움만 알려주면 도움이 됩니다. 외출하기 전에 먼저 긴장을 먼저 풀어주세요. 좋아하는 간식을 파악해 외출하기 전에 먹여 기분을 좋게 만듭니다. 현관과 대문 앞에서도 먹여주는 연습을 합니다. 그렇게 해서 기분이 좋아지면 긴장을 풀어주는 연습을 합니다. 물론 시간이 오래 걸릴 수도 있습니다. 앞서 말했듯이 3살짜리 어린아이를 달래고 어르는 것이라고 이해하면 어렵지 않습니다.

만약 이렇게 반려견이 좋아하는 간식으로도 해결되지 않는다면 약물처방이 필요할 수 있습니다. 동물병원에서 질병이 있는지 검사한 뒤에 약물처방과 함께 간식 훈련을 하면 더욱 쉽게 교육할 수 있습니다.

04

배변 교육은 어떻게 하면 좋을까요?

Q 첫 배변 훈련은 어떻게 할까요?

배변·배뇨 패드는 집과 조금 떨어진 곳에 두면 됩니다. 입양되기 전에 사용하던 패드나 엄마, 형제자매들과 함께 쓰던 패드를 갖고 와서 적응시켜주면 도움이 됩니다. 사용하던 패드를 쓰면 반려견의 발바닥에 닿는 느낌과 후각을 편안하게 하여 낯선 환경에도 잘 적응하게 됩니다.

반려견의 하루는 배변·배뇨를 보는 것과 함께 시작합니다. 매일 규칙적으로 반복되기 때문에 정해진 시간에 화장실 교육을 해야 합니다. 반려견은 사료를 먹고 약 30분에서 1시간 후면 배변을 하는데, 이때 자연스럽게 배변·배뇨 훈련을 하면 됩니다.

아침에 반려견이 일어났을 때, 사료를 먹고 난 뒤, 그리고 울타리에서 나왔을 경우에는 반드시 화장실(패드)에 데려가서 배변·배뇨를 유도합니다. 반려견이 잘 따라주면 그 자리에서 칭찬과 간식 그리고 스킨십(반려견의 몸을 쓰다듬는 것)으로 보상해줍니다. 그러면 반려견은 화장실(패드)에 대해 기분 좋은 감정을 가질 수 있습니다. 배변을 해서 시원한데 칭찬까지 받으니 기분이 좋아지고, 맛있는 것도 먹을 수 있으니 즐거운 장소라고 인식하게 됩니다. 이러한 훈련이 반복적으로 꾸준히 이루어진다면 반려견의 화장실 적응은 어렵지 않습니다.

또한 산책을 대소변을 해결하는 수단으로 이해하는 경우가 있는데 이는 올바르지 않습니다. 물론 산책 중에 대소변을 볼 수 있지만 그러면 집에서 최대한 늦게 대소변을 보려고 합니다. 또 밖에서 해결하는 습관이 들게 되면 반드시 반려견을 데리고 밖에 나가야 하는 번거로운 일이 생길 수 있습니다.

집에서 대소변 교육을 시켜야 합니다. 만약 산책할 때 대소변을 보게 되면, 대소변을 빨리 보게 하고 바로 간식과 칭찬으로 보상해줍니다. 그리고 이후에도 충분하게 놀아줘서 산책이 끝났다고 인식되게 하지 않아야 합니다. 가능하면 산책하기 전에 대소변을 보게 한다거나 집 앞에서 대소변을 해결하도록 가르쳐주는 게 좋습니다.

Q 실수해서 혼을 냈더니 숨어서 배변·배뇨를 해요

배변·배뇨를 참지 못해 패드가 아닌 다른 곳에 실수하더라도 곧바로 보호자가 때리거나 야단치면 안 됩니다. 그렇게 하면 반려견은 배변·배뇨 자체가 잘못된 행동이며, 보호자가 싫어하는 행동으로 생각을 하게 됩니다. 또한 배변·배뇨용 화장실 패드를 혼나고 두려운 불쾌한 장소로 인식하게 됩니다. 배변·배뇨를 실수할 때마다 혼나거나 벌칙이 반복되면 화장실(패드)을 쳐다보지 않을지도 모릅니다. 그러다 보면 반려견은 위축된 마음에 계속 실수를 할 것이고, 그렇게 실수하고 주눅 들어 보이면 보호자는 '저봐 잘못된 줄 알면서 왜 그곳에다 배변·배뇨를 하는 거야?'라고 생각하고 또 화를 낼 것입니다. 하지만 절대 화를 내면 안 됩니다. 우선 식습관을 규칙적으로 해서 배변·배뇨 시간을 일정하게 맞추고, 반려견이 배변·배뇨를 할 때마다 칭찬과 간식 보상을 통해 신나고 재미나는 유쾌한 곳이라는 곳을 알려줘야 합니다. 물론 교정 시간이 조금 걸리겠지만 인내하고 참아주시면 금방 달라진 모습을 보실 수 있을 겁니다.

그리고 반려견이 배변·배뇨를 엉뚱한 곳에 보았다면 우선 혼을 내지 말고 향기로 냄새만 잡아주는 탈취제보다는 되도록 암모니아가 분해되어 냄새를 없애주는 기능성 탈취제로 깨끗이 배변·배뇨 장소를 청소해줘야 합니다. 암모니아가 분해되지 않는 방향제를 사용하게 되면 반려견은 암모니아 냄새가 남아있어서 실수한 장소가 화장실인 줄 알고 헷갈려 합니다. 반드시 향으로만 냄새가 없어지는 것이 아닌 암모니아가 탈취되는 탈취제와 소취제를 사용하는 것이 행동교정에도 많은 도움을 줍니다.

Q 사료도 잘 먹고, 간식도 잘 먹는데 왜 자꾸 똥을 먹을까요?

연구에 따르면 조사한 반려견 중 16%가 똥을 먹는 것으로 확인되었는데 대부분 정상적인 행동이라고 합니다. 반려견이 배가 고프거나 영양이 결핍되어서 똥을 먹을 수는 있지만 대부분의 반려견은 그런 이유로 똥을 먹지 않았습니다.

배설물을 먹는 증상은 신체적 질병이 있을 때 나타날 수도 있습니다. 먹은 음식에 대한 소화흡수장애 관련 질환(외분비췌장기능부전, 만성 장질환 등)이나 식욕이 과다하게 증가하는 질환(당뇨병, 부신피질기능항진증 등)에서 나타날 수도 있습니다. 하지만 이 또한 변을 먹는 주요 원인은 아닙니다.

자신의 것을 비롯한 다른 개의 배설물이나 고양이 등 다른 동물의 배설물을 먹는 행동을 '식분증'이라고 합니다. 주로 성장기에 보이는데 나이를 먹으면서 자연스럽게 사라집니다. 잡식성인 늑대를 조상으로 하는 개들은 유전적 본능이 호기심이나 놀이의 하나로 똥뿐만 아니라 다양한 소재를 입으로 물고 뜯고 먹기도 합니다. 식분증을 보이는 반려견은 배설물 외에도 다른 것들을 잘 물어뜯거나 쓰레기통을 뒤지거나 식탁의 음식을 훔치는 경우를 볼 수 있습니다.

보호자의 잘못된 배변 교육이 식분증 습성을 만들기도 합니다. 배변·배뇨를 실수했을 때 교육의 목적으로 보호자가 반려견을 혼내거나 벌을 주는 경우가 있는데, 이런 교육이 반복되면 반려견은 강박장애로 똥을 먹어서 없애기도 합니다. 따라서 강압적이고 일방적인 벌칙을 통한 화장실 교육은 절대 하지 말아야 합니다.

많은 반려견들이 다른 동물의 변 냄새를 좋아합니다. 특히 단백질이 풍부한 고양이 변을 좋아합니다. 초식동물(사슴, 토끼, 소, 말 등)의 변은 그 안에 있는 세균이 소화나 면역 기능을 돕거나 자체가 단백질원이 되기 때문에 냄새를 맡는 것만으로도 좋아합니다. 또 초식동물의 변은 소화된 곡물을 얻는 좋은 방법이기도 합니다.

그런데 아무리 정상적인 행동이라 하더라도 인간의 입장에서는 반려견이 똥을 먹는 행동을 인정하고 허용하기는 쉽지 않습니다. 이를 교정하기 위해 여러 기능성 제품들이 나와 있습니다. 하지만 조사 결과 관련 제품들이 대부분 완벽하게 교정해주지는 못하지만, 어느 정도 도움이 되어서 많이들 사용하고 있습니다. 어떤 보호자들은 변에다 후춧가루, 칠리소스, 식초 등을 뿌리기도 하는데, 대부분 효과가 없어서 이런 행동을 막지 못하므로 자제해야 합니다. 반려견들이 변을 맛으로만 먹는 게 아니기 때문입니다.

우선 변을 먹는 반려견은 정기적으로 구충을 해줘야 합니다. 어린 강아지일수록 2주 간격으로 자주 구충을 해줘야 합니다. 3개월 이상은 한 달에 한 번, 6개월 이상의 성견은 두세 달에 한 번 정도면 충분합니다.

변 섭취는 쉽게 바꾸기 어렵습니다. 변을 먹더라도 혼내지 말고 다른 곳으로 불러 앉힌 후 칭찬과 간식으로 보상해주면서 교정해야 합니다. 그리고 반려견 몰래 변을 치워야 합니다. 그러려면 반려견이 배변을 언제 하는지 잘 관찰해야 합니다. 만약 고양이 변을 먹는다면 고양이 화장실 앞에 울타리를 설치해서 고양이는 접근하지만 반려견은 접근하지 못하게 해야 합니다.

변을 섭취하는 증상이 지속되면 정확한 증상 파악을 위해 동물병원에서 관련검사 및 사료 처방을 받으시는 것이 좋습니다.

Q 크레이트 안에만 들어가면 배설을 해요

반려견은 자신의 집 안에서 배변·배뇨하는 것을 본능적으로 싫어합니다. 그래서 일반적으로 크레이트 안에서도 배설하지 않습니다. 그런데 크레이트에서 배변·배뇨를 한다면 이유가 있을 겁니다. 너무 오래 갇혀 있었다든지, 크레이트에 들어가기 전 배설하지 않아 참을 수 없었다든지, 입양되기 전에 오랜 시간 크레이트 내에서 사육되어 그 안에서 배변·배뇨하는 습관이 들었다든지 등 관찰을 통해 살펴봐야 합니다. 그리고 크레이트가 너무 넓으면 그 안에서 자는 장소와 배설 장소를 구별하는 경우도 있습니다. 이런 때는 크레이트 구석에 상자 등을 두어 좁게 해주는 것도 좋은 방법입니다.

크레이트 훈련을 잘못시키면 오히려 역효과를 낼 수 있습니다. 간혹 반려견이 실수와 장난했다고 크레이트에 오랜 시간 가둬두는 보호자가 있는데, 자는 시간 이외에 크레이트에 들어가게 하는 경우는 가능한 한 짧게 해야 합니다. 크레이트 안에서 오랜 시간 지내는 것은 반려견의 건강한 발달에 매우 부정적인 행동입니다. 또한, 반려견이 나쁜 짓을 하였

다른

을 때 벌칙장소로 크레이트를 사용하는 것도 잘못된 행동입니다. 벌칙으로 크레이트를 사용하게 되면, 크레이트에 들어가게 될 때마다 매우 불안하고 두려운 감정을 가지게 될 것입니다. 반려견을 위해서라도 크레이트에 좋은 이미지와 감정을 인식시켜줘야 합니다.

크레이트 트레이닝 응용

• 화장실 트레이닝

크레이트 트레이닝이 성공하면 배변·배뇨를 하는 화장실 예절에도 응용도 해볼 수 있습니다. 크레이트에서 반려견이 자고 일어나면 곧장 화장실에 데려가 배변·배뇨를 할 수 있게 해줍니다. 그리고 배변·배뇨를 하면 칭찬해주고 보상으로 좋아하는 간식이나 장난감, 그리고 스킨십을 해줍니다.

• 집을 오래 비울 때

응석이 많은 반려견을 혼자 두면 무엇을 하는지 전혀 알 수 없습니다. 짧은 시간 동안의 외출이라면 크레이트 안에서 혼자 있게 할 수 있습니다. 이때 반려견이 갇혔다고 느끼고 크레이트에 부정적 이미지를 갖지 않도록 장난감이나 피딩토이 등 맛있고 좋아하는 것을 넣어줍니다. 그리고 크레이트 안에서 짜증나지 않도록 외출 전에 충분히 놀아주고 에너지를 발산시켜주는 산책과 놀이 등을 해주셔야 합니다. 크레이트에서 혼자 지내는 시간은 반려견에게 큰 스트레스를 주지 않는 시간 내에서 해야 합니다.

Q 패드가 아닌 다른 곳에 배변·배뇨를 해요

평소 실수를 잘 하지 않다가 갑자기 패드가 아닌 다른 곳에 배변·배뇨를 하면 당황스럽습니다. 이런 행동의 원인은 크게 세 가지로 나뉩니다.

첫 번째는 반려견이 패드나 화장실 근처에서 분명히 패드 위에 배변·배뇨를 하지만, 정확하게 조준하지 못하는 경우입니다. 이때 보호자가 심하게 화를 내거나 혼을 내면 반려견은 혼란스러워집니다. '아 이상하다? 평소에는 배변·배뇨를 잘했다고 칭찬하고 간식도 주다가 왜 갑자기 화를 내는 거지?'라고 혼란스러워합니다. 그런 행동이 반복되면 반려견은 점차 '배변·배뇨는 잘못된 행동이구나.', '배변·배뇨를 하면 보호자에게 혼나게 되는구나.'라고 배변·배뇨 자체에 대해 부정적인 생각을 갖게 됩니다.

그런데 보호자는 반려견이 보호자에게 혼이 날까 고개를 숙이거나 주눅이 든 모습을 보고 착각을 합니다. 그래서 "저 봐, 잘못한 줄 알면서 왜 그러는 거야? 너도 잘못한 줄 알면서 왜 자꾸 엉뚱한 곳에 배변·배뇨를 보는 거야!"라며 다시 윽박지릅니다. 이게 계속 반복되면 반려견은 배변·배뇨를 보는 행동은 나쁘고 부정적이라고 착각하게 됩니다. 그리고 보호자가 안 보이는 곳에 숨어서 하거나, 참았다가 보호자가 외출하거나 안 보일 때 배변·배뇨를 하게 됩니다. 심지어 보호자에게 혼이 날까 두려워서 숨기려고 변을 먹기도 합니다.

배변·배뇨를 잘못하더라도 혼을 내거나 야단치며 때리면 안 됩니다.

반려견에게 패드와 화장실은 시원하게 배변·배뇨를 한 후 칭찬받고 간식을 먹을 수 있는 기분 좋은 장소가 되어야 합니다.

두 번째는 방광 요도 관련 비뇨기질환이 원인일 수도 있습니다. 평소에 시원하고 유쾌하게 보던 배변·배뇨가 갑자기 방광과 요도에 문제가 있어서 배뇨할 때 통증이 있으면 반려견은 매우 심각한 착각을 합니다. 방광, 요도, 요로에 염증이나 결석 등의 비뇨기질환이 있어서 배뇨 시 아픈 것이 아니라 '저 화장실은 나를 아프게 하는 곳이구나.'라고 착각하는 것입니다. 그래서 그 뒤로 화장실이 아닌 엉뚱한 곳에 배변·배뇨를 합니다. 이런 증상이 의심이 된다면 동물병원에서 비뇨기질환 검사를 받아봅니다.

세 번째는 배뇨 시 패드가 움직이거나 발가락이 패드나 패드판에 끼어서 아프거나 놀랐을 때도 그럴 수 있습니다. 패드를 끼우는 판이나 패드를 넣을 수 있는 형태 등 다양한 화장실이 나와 있습니다. 발에도 묻지 않고 패드를 물어뜯지 않아서 편리한 패드판에 간혹 발가락이나 발톱이 낀다든지 발목을 삐끗한다든지 하면 반려견은 화장실을 매우 아프고 두려운 곳을 인식하게 됩니다. 그러면 불쾌하고 두려운 화장실 근처를 맴돌며 참다가 결국 다른 곳에 배변·배뇨를 하게 됩니다. 이때는 패드판을 바꿔줘야 합니다. 되도록 푹신한 느낌이 나도록 실리콘이나 고무 재질로 만들어진 패드판을 사용합니다.

Q 배변 패드를 너무 좋아해서 거기서 먹고 자고 말썽을 피워요

반려견은 화장실과 잠자리를 구분할 수 있습니다. 하지만 어렸을 때부터 잠자리에 패드를 깔고 자랐거나, 패드만 깔려 있는 공간에서 자란 경우에는 잠자리와 화장실을 구분하기 힘들 수 있습니다. 보통 생후 4~5주 이상이 되면 잠자리와 화장실을 구분하려는 습성이 생깁니다. 그때부터 어미 개가 핥아서 해결해주던 배변·배뇨를 집 밖으로 나와서 배변·배뇨를 시작합니다. 그리고 집과 조금 떨어진 곳에서 하려는 습성이 생깁니다.

배변 패드에서 먹고 자는 행동은 화장실을 가리는 측면에서 보면 패드에 대한 두려움이나 나쁜 감정이 없어서입니다. 따라서 그리 나쁜 상황은 아니지만 배뇨를 본 패드에서 구르고 잔다면 좀 거북할 것입니다. 어떻게 하면 좋을까요?

우선 패드를 끼울 수 있는 망이나 판을 준비하고 패드를 끼워서 사용합니다. 그리고 반려견이 자거나 쉬는 집과 패드판은 조금씩 떨어뜨려 가거나 조금 떨어진 곳에 둡니다. 이렇게 하면 패드와 잠자리를 따로 구분해야 한다는 걸 알게 됩니다. 더불어 행동학 장난감이나 피딩토이를 숨겨서 패드를 뜯고 노는 것보다 더 재미있는 놀이가 있다는 것을 알게 합니다. 간식이나 피딩토이를 패드로 감싸서 주면 그 안에 있는 간식에 빠져 패드에 대한 흥미를 떨어뜨리는 효과를 볼 수 있습니다.

05

나는야 반려견 산책 마스터

Q 산책은 어떻게 시켜줘야 할까요?

반려견은 산책을 위해 줄만 들고 나와도 신나서 껑충껑충 뜁니다. 현관 앞에 먼저 나가 있기도 합니다. 산책 줄만 보고도 흥분하는 반려견은 집에서부터 "앉아~!", "엎드려~!", "기다려~!"라는 훈련을 통해 흥분을 가라앉힌 후 산책을 나섭니다. 계속 흥분 상태라면 흥분이 가라앉을 때까지 반복해줘야 합니다.

되도록이면 가슴줄보다는 목줄이나 젠틀리더로 먼저 시작하는 것이 좋습니다. 그리고 줄을 길게 늘여서 반려견이 마음껏 뛰어나가게 하기보다는, 어느 정도 일정한 거리를 유지하면서 산책 연습을 시작하는 것이 좋습니다.

산책할 때 반려견이 코를 킁킁거리며 바닥, 잔디밭, 나무 밑 등을 쏘다니는 것은 단순히 냄새 맡는 것을 넘어 냄새를 즐기는 행동입니다. 그러므로 한적한 곳에서는 줄의 길이를 조금 늘려 냄새를 즐기게 하는 것도 좋습니다.

반려견과 함께 산책할 때는 서두르지 않고, 충분히 준비한 다음에 진행해야 부상의 위험을 예방할 수 있습니다. 많은 장소를 경험할 수 있도록 하되 차도와 같이 위험한 곳은 피해야 합니다.

산책시간은 품종마다 조금씩 다릅니다. 일반적인 소형견들은 건강 상태나 관절 상태에 따라 30분에서 1시간 정도로 하루에 1~2회를 하는 게 적당합니다. 하지만 사역견(使役犬, working dog : 군견, 목양견, 경찰견, 사냥견 등)으로 개량된 중·대형견들은 소형견보다 시간과 횟수를 늘려서 스트레스를 해소시켜줘야 합니다.

만약 반려견이 흥분해서 먼저 앞으로 썰매를 끌듯이 나가는 것은 산책이 아니라는 점을 분명히 알아야 합니다. 산책할 때 가장 이상적인 보폭과 자세는 반려견에게 채워주는 목줄이나 가슴줄이 알파벳 J자 모양으로 느슨하게 처져 있어야 합니다. 그리고 보호자와 함께 걸어가면서 새로운 냄새, 소리, 볼거리 등으로 즐거움을 교감할 수 있어야 합니다. 그런데 대부분의 보호자들은 반려견이 가고 싶어 하는 곳으로 끌려다니곤 합니다. 또한 자동줄을 사용해 원하는 대로 마음껏 돌아다니게 합니다. 이런 행동은 반려견에게 자유와 즐거움을 주기보다는 흥분시키는 좋지 않은 산책이라는 걸 명심해야 합니다.

산책 시에는 가슴줄보다는 목줄이나 젠틀리더가 좋습니다. 그런데 많은 보호자가 목줄이나 젠틀리더를 한 반려견이 흥분해서 앞으로 먼저 가려다 목줄이 조여 캑캑거리는 걸 보며 안타까워합니다. 그때 분명히 알아야 할 점은 산책법이 잘못되었음을 깨닫고, 올바른 산책법을 따라야 한다는 것입니다. 그래야 보호자나 반려견 모두에게 즐거운 산책이 될 수 있습니다.

산책하면서 반려견이 앞으로 빨리 가지 못하게 목줄을 잡아당기는 경우도 종종 볼 수 있습니다. 이것은 가장 좋지 않은 산책법입니다. 반려견이 앞으로 나가려고 하면 목줄을 잡아당기지 말고, 그 자리에 서서 줄을 가만히 허리춤에 잡은 후 반려견과 눈을 마주치지 말고 다른 곳에 시선을 줍니다. 그러한 행동이 반복되면 반려견은 앞으로 나가지 않고 보호자 쪽으로 와서 멈춥니다. 반려견도 서서히 산책을 어떻게 해야 하는지 깨닫게 됩니다. 이런 방법을 쓰면 반려견의 목줄을 잡아당길 일도, 소리 지를 일도, 이름을 크게 부를 일도 없습니다. 목줄이나 젠틀리더로 올바른 산책을 배운 후에 가슴줄을 사용하는 것이 좋습니다.

안타깝게도 대부분 반려견들이 산책할 때 흥분으로 시작해 흥분으로 끝나기 일쑤입니다. 그 이유는 보호자가 반려견을 의인화하여 배려하려는 데 있습니다. 항상 반려견과 정해놓은 규칙을 서로 지켜야 즐거운 산책을 할 수 있습니다.

산책을 좋아하지 않는 반려견이라면 산책이 즐거운 기억으로 남을 수 있도록 산책 전후에 좋아하는 간식을 주는 방법이 있습니다. 그리고 집

밖은 집 안과 달리 돌발상황이 생길 수 있는 요소가 많으므로 산책 시에는 반려견에게 집중해야 합니다. 자동차 경적소리나 다른 반려견과 마주쳐서 갑작스럽게 뛰어드는 사고가 발생할 수 있으므로 조심해야 합니다.

산책을 하면서 나란히 걸으면 보호자와 반려견 사이에 교감이 이뤄집니다. 처음엔 반려견과 마주 본 후에 뒤로 걸으면서 반려견이 잘 따라오면 음식으로 보상을 합니다. 이것을 반복하며 나란히 걸어봅니다. 이때 반려견은 보호자의 왼쪽에 위치하는 것이 좋습니다. 중간중간 흥분하면 "앉아!", "엎드려!"라고 말하며 흥분을 가라앉힌 후 다시 산책을 시작합니다. 흥분한 상태로 있으면 언제 어디서 돌발적인 행동을 할지 모르기 때문입니다. 따라서 입마개를 하고 산책하는 것은 가장 기본적인 펫티켓입니다.

바쁘다는 핑계로 반려견의 산책을 미루면 마음의 병으로 이어질 수 있습니다. 산책은 반려견을 키우는 보호자의 의무이자 반려견에게 줄 수 있는 가장 큰 선물 중 하나입니다.

Q 산책을 통해 보호자와 교감해요

"우리 마리는 산책을 참 좋아해요. 매일 나가자고 난리예요."

"정말 좋겠네. 우리 뽀삐는 통 나가는 걸 싫어해서 걱정이에요."

한 동네에서 이웃사촌으로 사는 두 분이 각각 키우는 반려견을 안고 찾아왔습니다. '마리'는 비숑프리제이고, '뽀삐'는 시바견입니다. 두 사

람은 가족처럼 지내는 사이며 똑같이 반려견을 키우는 입장이라서, 자주 정보를 주고받고 병원에 함께 찾아올 때도 많습니다.

산책은 반려견의 종과 관계없이 유익하다는 게 모든 수의사들의 견해입니다. 특히 반려견에게 산책은 여러 가지 장점이 있습니다.

첫 번째로 건강에 좋습니다. 비만으로 고민인 반려견은 운동 부족이 원인일 때가 많습니다. 사람이든 동물이든 적당한 운동은 건강 유지를 위한 필수조건입니다.

두 번째로 반려견의 넘치는 에너지를 발산시키는 데 좋습니다. 산책을 통해 에너지를 쓰면 집에서 말썽을 피우거나 부수는 행동이 줄어듭니다. 넘치는 에너지를 주체하지 못해 말썽을 피우는 경우가 많으니까요. 물론 문제행동이 습관이 되어버렸다면 별도의 교정치료나 심할 경우 약물치료가 필요할 수 있습니다. 이런 치료도 산책을 병행하면 더 효과적입니다.

세 번째로 반려견의 기분을 매우 신나고 행복하게 바꿔줍니다. 사람들처럼 반려견도 일상생활에서 스트레스를 많이 받습니다. 사람은 다양한 취미활동과 여가생활로 스트레스를 해소할 수 있지만, 반려견은 보호자가 도와주지 않으면 스트레스를 해소하지 못합니다. 산책은 단순히 운동을 뛰어넘어 스트레스를 받았던 감정에서 행복한 기분으로 바꾸는 데 매우 큰 역할을 합니다. 산책을 나가보면 반려견이 얼마나 좋아하는지 알 수 있습니다.

네 번째로 어린 반려견부터 성견에 이르기까지 바깥세상에서 사회성

을 키울 수 있는 매우 좋은 기회입니다. 사회화과정은 반려견이 사람과 아무런 문제없는 원만하고 서로 간의 행복한 생활을 위한 필수교육 과정입니다. 산책을 게을리하면 반려견에게 다양한 문제행동이 나타나고, 보호자와 반려견은 서로에게 스트레스를 주어 행복할 수 없습니다.

우리를 둘러싼 환경에는 참으로 다양한 자극과 소리, 소음, 볼거리, 냄새 등이 있습니다. 성인, 아이, 어르신, 다른 반려견, 그리고 자동차, 오토바이, 버스, 앰뷸런스, 소방차 등과 같은 외부 자극원에 자연스럽게 노출시켜 그 소리, 냄새, 외관에 익숙하게 만들어줘야 합니다. 이러한 경험들이 좋게 인식될 수 있도록 보호자가 각별히 신경 써야 제대로 된 사회화를 할 수 있습니다.

마지막으로 보호자와 유대감을 늘려줍니다. 반려견은 보호자와의 교감을 즐기는 동물입니다. 산책을 통해 보호자와 교감을 늘리면 동물과 보호자 모두의 행복에 크게 기여할 수 있습니다.

Q 산책을 너무 좋아하는데 정해진 산책 시간이 있나요?

보호자들이 다른 일들로 바빠 규칙적으로 산책을 시켜주기가 힘들어서 그렇지 반려견에게 가장 큰 즐거움은 산책입니다. 산책을 통해서 먹었던 음식을 소화시키고, 넘치는 에너지를 소진하고, 새로운 냄새와 소리, 사물을 보고, 기존에 봐왔던 여러 가지 환경과 소리, 냄새에 반응하면서 새로운 자극에 대한 노출로 사회화과정을 경험합니다.

산책을 통해 다양하고 많은 것을 보고 느껴야 하는데 밖으로 나가는 데만 흥분해 있다면 좋은 산책이라 할 수 없습니다. 산책을 즐거움 때문에 계속하려는 것인지, 흥분해서 산책을 지속하려는 것인지 파악해야 합니다. 흥분한 상태라면 흥분을 진정시킨 후 산책합니다.

"앉아!", "기다려!"를 반복시켜 흥분을 가라앉힙니다. 호흡과 이완이 되면 "엎드려!"라고 명령해서 완전히 흥분을 진정시킵니다. 이후 산책에 필요한 준비물을 챙기고 신발을 신을 때까지 그 상태를 유지하게 합니다. 문밖을 나서 이동할 때도 반려견이 흥분해 앞서서 가려고 하면 "앉아!", "기다려!", "엎드려!"를 반복하여 진정시킵니다. 흥분한 상태로 산책을 나갔다가는 자칫 보호자와 이웃을 물 수도 있습니다.

산책은 보통 30분에서 1시간 정도 반려견에게 묶은 가슴줄, 목줄 등이 팽팽하지 않게 하고, 알파벳 J자나 U자 모양으로 유지하면서 천천히 걷거나 빠른 걸음을 반복하여 걷는 것이 좋습니다. 또한 되도록 같은 시간대에 산책하는 것이 좋습니다. 가능하다면 하루 1~3회 정도 산책할 것을 권장합니다.

산책할 때 준비물

산책 도중 배변을 처리할 수 있는 용품이 필요합니다. 산책이 길어질 수 있으므로 꼭 여분의 물을 휴대해서 체온 상승과 갈증을 풀어줍니다.

Q 우리 강아지는 산책을 싫어하는데 산책을 시키지 않아도 될까요?

모든 반려견이 산책을 즐기는 건 아닙니다. 품종에 따라 특별히 산책을 싫어하거나 더 좋아하는 것은 아닙니다. 단지, 생후 3~4개월부터 사회화과정이 얼마나 잘 되어 있는지에 따라 산책은 매우 즐겁고 큰 선물이 되기도 하지만, 세상에서 가장 싫고 무섭고 두려운 행위가 될 수도 있습니다.

그렇다면 산책을 싫어하는 반려견은 산책시키지 말고, 산책을 좋아하는 반려견만 산책시켜야 할까요?

반려견이 산책을 즐기지 않을 때에는 억지로 끌고 나가기보다는 좋아할 수 있도록 교육하는 게 더 우선입니다. 특히 생후 2개월 정도의 어린 반려견이라면, 무작정 목줄이나 가슴줄부터 차고 밖으로 나가는 것 자체가 큰 두려움과 공포가 될 수 있습니다. 그래서 예방접종을 하는 반려견 시기부터는 하루에 1~2회 정도 현관문, 복도, 엘리베이터, 계단 등을 시작으로 자주 나가도록 합니다. 그리고 평소 좋아하는 간식과 사료를 먹이면서 새로운 세상을 처음 맞이하는 긴장을 풀어주는 연습도 해줘야 합니다. 새로운 냄새, 볼거리, 소리 등을 천천히 경험할 수 있도록 도와주는 것입니다.

반려견들이 현관 밖으로 나가는 것에 적응해가면, 그다음에는 대문 앞, 집 앞, 도로, 공원 등으로 천천히 순차적인 도전을 시킵니다. 반려견이 산책을 힘들어할 때는 이런 식으로 단계별로 공간을 확장해가는 게 좋습니다. 천천히 잘 준비된 산책은 반려견에게 간식보다 즐거운 선물이 됩니다.

Q 산책 나가면 줄이 끊어져라 달리려고만 해요

하루 종일 집 안에 있던 반려견에게 산책은 최고의 선물입니다. 반려견에게 산책이 중요하다는 사실이 강조되면서 우리는 주변에서 산책하는 모습을 자주 볼 수 있습니다. 반려견은 밖으로 나가 바깥 공기만 쐬는 게 아니라 다른 반려견의 냄새 흔적을 찾고, 자신의 배설물로 체취를 남기기도 합니다. 또한 하루에 써야 할 에너지를 적절히 쓰고 옵니다.

산책을 나가면 앞뒤 안 가리고 달리려고만 하는 반려견이 있습니다. 신이 난 반려견이 흥분하기 때문입니다. 산책할 때 가장 기본적인 교육 원칙은 반려견과 보호자가 나란히 걷다가 반려견이 앞으로 나가거나 다른 곳으로 이동하면 보호자가 그 자리에 멈추는 것입니다. 그렇게 되면 줄이 팽팽히 당겨져 반려견도 어느 정도 힘을 쓰다가 다시 돌아오게 됩니다. 그러면 "앉아!"라고 말한 후 실행했을 때 간식으로 보상하기를 반복하며 흥분을 가라앉힙니다. 사람 옆에서 걷는 것이 혼자 앞장서서 걷는 것보다 즐겁다는 사실을 계속 학습시키는 것이 중요합니다.

시간이 허락한다면 하루 5~15분 정도 실내에서 교육시켜 보세요. 둘이 나란히 걸어야 대화도 가능하고 교감도 생깁니다. 산책은 반려견과 보호자가 편안히 소통하는 시간입니다. 반려견이 사람과 즐겁고 행복하게 생활하려면 사람과의 소통에 익숙해져야 합니다. 보호자가 보상을 통해 하나씩 가르친다면 반려견이 때론 가족, 때론 친구가 되어줄 것입니다.

여러 가지 목줄

벨트처럼 구멍이 나있는 플랫 타입과 말의 고삐처럼 생긴 헤드칼라가 있습니다. 헤드칼라는 입을 살짝 잡아주고 리드줄을 연결하는 고리가 턱 밑에 있어서 덜 흥분하는 경향이 있습니다. 당기면 조여지고 당기지 않으면 조임이 해제되는 슬립 타입도 있습니다. 설정해놓은 길이까지만 조여지는 제한적인 기능을 가진 리미티드 슬립 타입도 있습니다. 목줄에 돌기가 나 있어 사나운 개들을 교정할 때 사용하는 프롱 타입의 목줄도 있습니다.

Q 목줄과 리드줄을 무서워하는 것 같아요

반려견이 목줄과 리드줄을 싫어하거나 두려워하여 산책을 거부하는 경우가 종종 있습니다. 대부분의 반려견은 불쾌하고 싫은 기억이 심어지지 않은 이상 비교적 짧은 시간에 목줄과 리드줄에 적응합니다. 그러나 리드줄을 강하게 당긴다든지 하여 불쾌한 경험이 있으면 리드줄을 채웠을 때 움직이려 하지 않습니다. 그래서 리드줄을 잡을 때는 절대 강하게 당기지 않도록 주의해야 합니다.

목줄에 익숙해지게 하려면 평상시 집에서도 목줄을 한 채 생활하면서 연습해보면 도움이 됩니다. 이때 반려견에게 너무 큰 목줄을 채우면 산책 중에 빠지거나 입으로 물어뜯으려 할 수 있으니 적절한 목줄을 사용합니다.

우선 목줄이나 리드줄은 반려견에게 있어 매우 부자연스러운 것임을 이해하고 천천히 익숙해지도록 해주세요. 성견에게는 당연한 산책습관도 어린 반려견에게는 모든 것이 처음 겪는 일입니다. 기분 좋게 산책하는 데에도 상당한 시간이 걸리게 됩니다. 가령 목줄이나 리드줄을 연결한 채로 걷는 것도 처음에는 많은 거부감이 들 수 있습니다. 대부분의 보호자는 반려견이 처음부터 산책을 좋아한다고 생각합니다. 그러나 우리가 항상 타고 다니는 자전거나 자동차의 운전에도 처음에는 연습이 필요하듯이 반려견의 산책에도 연습이 필요하다는 것을 명심해야 합니다.

산책할 때 반려견 놀이터나 공원에서 다른 반려견들과 놀거나 보호자

와 즐겁게 잡아당기기, 공놀이, 뜀박질을 한다면 스스로 조금이라도 더 빨리 가려고 할 것입니다. 하지만 다른 반려견이나 음식물의 냄새 등 흥미 있는 것에 대해 냄새를 맡는 것은 산책에 적응한 이후에도 계속해서 나타납니다. 반려견은 다섯 가지 감각 중 후각이 매우 발달하여 생존을 위한 다양한 정보를 습득합니다. 냄새를 맡는 것은 사회화의 가장 중요한 부분입니다. 그리고 그 길을 지나간 동물들의 정보를 알 수 있기 때문에 반려견이 가장 좋아합니다. 사람이 밤하늘의 별이나 파란 하늘을 보며 기분을 전환하거나, 길가에 핀 꽃을 보며 계절에 따른 변화를 즐기듯이 반려견도 다양한 냄새를 통해 즐깁니다. 이 때문에 반려견과 보호자에게 위험하지 않은 장소에서 다른 사람에게 피해를 주지 않는 범위

내에서 냄새를 맡게 하는 것은 사회화과정과 스트레스 해소에 매우 중요합니다.

산책할 때 반려견이 낯선 곳에서 불안감을 느끼면 움직이려 하지 않는 경우가 종종 있습니다. 특히 겁이 많은 반려견은 산책 중에도 몇 번이든 멈춰서 좀처럼 움직이지 않습니다. 이때는 조용한 장소를 택해 걷게 하거나 좋아하는 간식이나 장난감으로 즐거움을 주어 산책 자체가 행복한 일이라는 점을 알게 하는 것이 포인트입니다.

여러 가지 리드줄

면, 나일론, 가죽, 철 등 다양한 재질로 만들어집니다. 길이도 1m, 3m, 5m, 10m 등 다양하게 나와 있습니다. 리드줄이 길수록 반려견의 행동반경이 넓어지는 만큼 통제하기가 어려워집니다.

Q 산책할 때마다 한 발로 서서 소변을 보는데 왜 그럴까요?

보통 대부분의 수컷 반려견은 배뇨할 때 한쪽 뒷발을 들고 합니다. 그 이유는 다른 반려견들이 소변 냄새를 맡도록 바닥보다 좀 더 높게 표시하기 위해서입니다. 자신의 소변 냄새를 남겨 자신이 다니는 길목이고 살고 있는 곳이라는 영역표시를 하는 것입니다. 이를 마킹marking 행동이라고 부릅니다. 중성화수술을 하지 않은 수컷일수록 자신의 몸집이나 크기를 더 크게 위장하고 과시하기 위해 보다 높은 곳에 배뇨하기도 합니다. 반려견들은 이러한 소변 냄새만으로도 암컷인지, 수컷인지, 나이가 몇 살인지, 성격이 어떤지를 파악할 수 있다고 합니다.

보통 어릴 때는 수컷도 암컷처럼 쭈그려 앉은 채 배뇨합니다. 하지만 생후 6개월이 지나서 성 성숙이 이뤄지면 수컷이 분비하는 수컷호르몬이 본능을 자극하여 한쪽 다리를 들고 더 높게 마킹하려고 듭니다.

물론 중성화수술을 한 반려견들도 흔히 하는 자연스러운 행동이지만 중성화를 하면 호르몬 분비가 줄어 마킹행동이 줄어듭니다. 늑대 무리를 보면 서열이 제일 높은 리더만이 자신의 영역표시로 다리를 들고 배뇨 표시를 한다는 속설이 있습니다. 물론 나이가 들어도 다리를 들고 마킹행동을 하지 않고 계속 쭈그린 채로 배뇨하는 수컷도 있습니다.

여러 번 나눠서 소변보기

반려견들이 산책할 때 나무나 전봇대, 모서리 등에 다리를 들고 소변을 조금씩 나눠서 봅니다. 이는 본능적으로 하는 자기영역표시입니다. 동네의 다양한 동물들이 조금씩 표시해둔 마킹행동의 잔재들에서 냄새를 맡아 누가 다녀갔고, 누가 뭐를 먹었고, 누가 건강상태가 어떻다는 것을 냄새로 알 수 있습니다. 물론 마킹행동과는 조금 다르게 너무 빈번하게 집에서도 밖에서도 조금씩 자주 소변을 보게 된다면 비뇨기, 호르몬 질환 등을 의심해보고 빠른 시간 안에 동물병원에 내원해서 체크해봐야 합니다.

Q 산책할 때 다른 반려견을 보면 덤벼들고 짖어요

산책하기 전에 반려견의 상태부터 확인해보세요. 평소 얌전한데 산책만 시작하려면 흥분하는 반려견일 수 있습니다. 아니면 산책을 싫어할 수도 있고요. 산책을 시작할 때부터 예민해지고 흥분하는지, 아니면 산책을 잘 하다가 갑자기 다른 반려견을 발견하면 짖는 것인지 관찰이 필요합니다. 반려견이 짖는 이유는 몇 가지로 구분할 수 있습니다.

첫째, "난 네가 싫어, 저리 가!"라는 의미입니다. 반려견끼리도 서로 감정이 있습니다. 대부분의 반려견들은 산책하다가 싫어하는 반려견이 있으면 시선을 피하거나 눈치를 보면서 가려던 산책 방향을 바꿔 상황을 피합니다. 하지만 때론 짖어서 멀리 보내려는 경우도 있습니다.

둘째, "난 네가 무서워!"라는 의미일 수 있습니다. 어렸을 때 사회화 시기를 놓친 반려견일 수도 있습니다.

셋째, "나랑 놀자? 우리 서로 사이좋게 지내자!"라는 의미일 수 있습니다. 다른 반려견을 만나서 너무 좋아 흥분한 상태에서 같이 놀고 싶어서 짖을 수 있습니다. 그렇다면 다른 반려견과 산책할 때 지나치거나 만나는 것을 좋은 감정으로 느끼게 해주어야 합니다.

다른 반려견과 산책하면서 슬쩍 스쳐서 지나칠 때 보호자가 다른 반려견을 보면서 먼저 예쁘다고 소란스럽게 인사를 하면 내 반려견도 덩달아 흥분합니다. 이때는 보호자가 조용히 다른 반려견 옆을 지나치는 모습을 보여줘야 합니다. 그러면 자신의 반려견도 보호자를 따라 행동합니다.

멀리서 다른 반려견을 발견하고 물거나 짖으려고 하면 반려견 이름을 부르면서 평소 좋아하는 간식을 줍니다. 만약 상대 반려견이 내 반려견을 보고 먼저 짖으면 일정한 거리를 두고 조용히 스쳐 지나가게 목줄로 유도합니다. 상대 반려견을 보호자가 등을 지고 앉아서 내 반려견이 보지 못하게 하는 방법도 있습니다. 만약 "앉아!", "엎드려!"를 숙지한 상태라면 이를 통해 흥분을 가라앉혀 호흡수와 심박수를 안정시킵니다.

반드시 반려견이 보호자에게 관심을 기울이도록 해야 합니다. 반려견이 다른 반려견의 존재를 알아채기 전에 시선과 관심을 끌어서 산책하는 반대 방향으로 가는 방법도 있습니다. "우리 반려견은 평소에 예절교육이 잘 되어 있어."라고 방심했다가 산책할 때 반려견끼리 싸움이 나 자칫 사고로 이어질 수 있습니다. 웬만하면 반려견끼리 서로 부딪치지 않게 피해 가거나 조심스레 인사할 수 있도록 보호자가 유도하는 것이 좋습니다. 다른 반려견이 지나가고 나면 간식을 주며 칭찬하는 것도 잊지 마세요.

Q 산책을 나가도 걸으려고 하지 않고, 작은 소리만 나도 움직이려고 하지 않아요

반려견이 산책을 나가도 전혀 걷지 않는다는 것은 원래 겁이 많은 성격일지도 모르지만 빠른 속도로 지나가는 자동차는 반려견에게 괴물처럼 보입니다. 갑작스레 산책을 시작하는 것이 아니라 산책 나가기 전부터 충분한 시간을 갖고 바깥 세상에 조금씩 익숙해질 필요가 있습니다. 우선은 반려견이 안심할 수 있게 조용한 장소까지 안고 가서 그곳에서 긴장이 사라지고 흥분이 없어질 때까지 기다립니다. 평소 좋아하는 장난감으로 놀아주거나 좋아하는 것을 주어 외출한 시간 동안 매우 즐겁고 재미난 경험을 할 수 있게 합니다.

다양한 소리에 적응시키기 위해서는 차 소리와 같은 다양한 소리를 집에서 녹음기 등을 통해 들려주는 것도 좋은 방법입니다. 디지털 녹음기보다는 아날로그 녹음기에 녹음하는 것이 반려견의 음파에 더 가깝게 녹음된다고 합니다. 녹음된 소리만으로도 무서워한다면 처음에는 무서워하지 않을 정도의 작은 소리로 시작합니다. 그리고 식사시간이나 놀이시간에도 들려주어 무서워하던 소리와 즐거운 일을 연관 지을 수 있게 합니다.

또한 집 주변에서 걷는 것도 중요하므로 조금씩 짧은 거리부터 걸을 수 있게 현관문 안에서부터 문 바로 앞이나 계단과 엘리베이터 타는 연습부터 해줍니다. 보통 산책을 무서워하는 반려견은 나갈 때는 걷지 않아도 돌아오는 길에는 걷는 경우가 많습니다. 안아준 채로 집 주위를 산책하여 자극원에 무뎌질 수 있게 합니다. 집 근처에 오면 품에서 내려놓아 걸어서 돌아오게 합니다. 그리고 조금씩 그 거리를 늘려갑니다.

겁이 많은 성격의 반려견의 경우 조용한 장소까지 안아서 간 후 평소 반려견이 가장 좋아하던 간식과 장난감으로 즐겁게 놀아줘 외출이 즐겁다는 것을 학습하게 하는 것이 가장 중요합니다.

Q 산책할 때 다른 반려견, 자전거 타는 사람, 뛰어가는 사람에게 짖거나 달려들어요

두려움과 공포로 인해 공격적 성향을 드러내는 현상입니다. 소리에 민감하거나 선천적으로 겁이 많을 수도 있습니다. 공포와 공격성은 두려움과 관련된 증상을 보이는 반려견이 사람과 다른 동물에게 지속적으로 나타내는 특징입니다.

반려견은 두려우면 움츠리고, 소극적으로 시선을 회피하거나 계속해서 도망치려고 합니다. 그래서 자율신경계의 교감신경과 관련된 심박수 증가, 호흡수 증가, 떨기, 침 흘림, 산동(정상 범위의 크기를 넘어선 동공), 식욕 부진, 소변 지림, 설사 또는 연변, 항문낭액 배출 등을 보일 수 있습니다. 반려견은 자신이 피할 수 없는 상황이 되면 몸을 낮추거나 움츠려서 으르렁대며 짖는 소리로 경고하다가 결국에는 흥분을 가라앉히지 못해 공격성을 보이며 물게 됩니다. 그렇게 해서 공격 대상이 멀리 사라지면 반려견은 스스로 해냈다는 생각을 갖게 되면서 이런 행동은 더욱 강화됩니다. 때때로 공격 대상이 돌아서 멀어져도 계속 쫓아가 물 수도 있습니다. 이러한 상황은 반려견이 심각하게 흥분되어 있는 것이므로 한동안 각별히 조심해야 합니다.

공격성에서 흔히 나타나는 징후는 잇몸 드러내기, 물기, 노려보기, 짖기, 으르렁대기 등입니다. 그중 공포 공격성에서는 경고를 의미하는 짖는 행위가 심하게 나타납니다. 시각이나 청각이 소실되어도 두려움을 느끼고 공격적인 모습을 보일 수 있습니다.

반려견이 흥분하지 않고 공격성을 드러내지 않게 하려면 퍼피스쿨(반려견 유치원)이나 애견카페 등에서 재사회화를 경험하게 해주는 것이 좋습니다. 어릴 때 하는 사회화시기가 지나서 다시 받는다는 의미에서 이를 재사회화라 하는데, 교육 후 다른 반려견과 잘 지내게 하는 것이 목적입니다.

산책 시 공격성을 보일 경우에는 다른 반려견이나 사람들과 조금 떨어진 곳에서 산책합니다. 차를 타야 한다든지 이동할 때는 크레이트를 이용하는 것이 좋습니다. 공격성을 띠는 반려견은 공격 성향이 줄어들지 않는 한 보호자와 함께 잠을 자지 않는 것이 좋습니다. 또한 반려견이 싸울 때 함부로 떼어놓으려다 사고가 날 수 있으니 조심해야 합니다. 주위에 있는 이불, 박스, 큰소리가 나는 물건, 분무기, 물 호스 등을 이용해서 떼어놓습니다. 떼어서 말릴 때는 물릴 위험이 있으므로 절대로 반려견의 다리를 잡지 않아야 합니다.

공격성을 누그러뜨리는 데는 중성화수술이 도움이 됩니다. 발정기가 되면 많은 호르몬이 분비되어 반려견을 더 예민하게 하고, 발정 난 암컷 주위로 수컷들이 모여들기 때문에 싸움이 일어나기 쉽습니다.

그리고 질병에 따른 통증 때문에 두려움과 공포가 생겨 다른 개나 사람을 공격할 수도 있습니다. 두려움은 유전적 요인이 있을 수 있는데 생후 5주쯤 확인할 수 있습니다.

학대받았거나 물리적으로 강압적인 체벌을 많이 받은 반려견은 공포

공격성이 더없이 증가합니다. 특히 공격하지 못하도록 제압당한 상태로 울타리에 가두거나, 모서리 쪽에서 체벌하면서 괴롭히거나, 입마개를 한 채 괴롭힘을 당하면 공격성은 더 커질 수 있습니다. 어떤 경우라도 벌칙은 절대로 사용해서는 안 됩니다.

공포 공격성 증상을 보이는 반려견이라면 반드시 동물병원에서 감별진단을 받아야 합니다. 그리고 약물처방을 병행하면 치료에 효과가 좋습니다. 반려견의 행동교정은 혼내거나 칭찬하지도 않고, 두려움과 공포를 일으키는 상황에서 벗어날 수 있게 조용하고 안전한 상황을 만들어주는 것입니다. 반려견은 아이들이나 다른 반려견이 접근할 때, 또는 특정 소리가 날 때 흥분하여 공격성을 보인다는 점을 기억해야 합니다.

반려견이 쉬고 있을 때는 방해하지 않아야 하며 필요하면 헤드칼라를 사용하는 등 반려견이 공격적인 반응을 할지도 모를 모든 상황을 피하기 위해 노력해야 합니다. 잠재적으로 위험할 수 있다고 생각되면 주변 사람에게 미리 알려 원치 않는 상황을 사전에 예방하고, 반려견 주변에서 갑작스러운 움직임이나 큰소리가 나지 않도록 최소화해야 합니다. 가장 중요한 것은 다른 반려견이나 사람들에게 접근할 때 존중, 심호흡, 이완 등을 언제든 할 수 있도록 철저하게 교육시키고 반복해주는 것입니다.

반려견의 목걸이에 방울을 달아서 움직임을 파악하고, 대문에도 반려견을 키운다는 그림 표시를 붙여 방문객이나 반려견 모두가 놀라는 일이 없도록 해야 합니다.

배고플 때만 공격적이라면…

유독 배가 고플 때 공격성을 보이는 경우가 있습니다. 굶주린 경험이 있어서 그럴 수 있는데, 그릇에 건식사료를 넉넉히 주어 마음대로 먹을 수 있게 합니다. 식이섬유나 지방(오메가 지방산)이 풍부한 사료를 주어 포만감이 오래가도록 하는 것도 좋습니다.

Q 산책하거나 집 안에서 모서리나 나무 등에 마킹행동을 하는데, 교정이 되나요?

반려견이 마킹행동을 하는 것은 잘못이 아닙니다. 그런 행동을 할 때 혼을 내거나 꾸짖는 것은 오히려 역효과만 일으킵니다.

반려견이 마킹행동을 하면 보호자는 배뇨 자극, 배뇨 처리, 냄새 등으로 스트레스를 받습니다. 이럴 때는 매번 따라다니면서 치우고 닦을 수 없으니 '매너밴드'라고 불리는 마킹 방지 기저귀를 채우면 스트레스를 줄일 수 있습니다. 클리커 트레이닝(clicker training, 딸깍 소리를 내는 클리커를 이용하여 행동을 교정하는 방법)을 통해 행동을 교정합니다. 마킹행동을 할 때마다 클리커를 이용해 딸깍 소리를 냅니다. 그러면 반려견은 딸깍 소리에 귀를 쫑긋 세우며 행동을 멈춥니다. 이때 보호자는 반려견과 시선을 마주치지 않습니다. 시선을 마주치면 보호자에게 혼이 나거나 잘못된 행동으로 인식해서 숨거나 소변을 지릴 수 있습니다. 이렇게 클리커 트레이닝을 하면 마킹행동을 부정적 의미로 받아들여 행동을 고칠 수 있습니다. 다른 문제행동에도 클리커를 응용할 수 있습니다.

06

나한테 하고 싶은 말이 뭐야?

Q 초인종 소리가 날 때마다 심하게 짖어요

세상에는 수많은 품종의 반려견이 있습니다. 그중 유독 심하게 짖는 품종이 있습니다. 이런 반려견은 집 지키는 용으로 개량되어 훈련받은 결과입니다. 하지만 요즘은 짖는 것을 오히려 좋아하지 않습니다. 반려견이 너무 심하게 짖으면 이웃에게 스트레스를 줄 수 있기 때문입니다. 그렇다고 "짖지 마!"라고 말하면서 화를 내면 안 됩니다. 강압적인 방법을 동원해 짖지 못하게 한다고 해서 짖는 행동이 멈추지는 않습니다.

반려견이 짖는 이유에는 여러 가지가 있습니다. 낯선 사람이 나타나서, 배가 고파서, 무서워서, 배변·배뇨를 하고 싶어서, 산책하러 나가고 싶어서, 같이 놀고 싶어서, 밖에서 무슨 소리가 나서 보호자에게 알려주려고 짖는 경우 등 아주 많습니다. 이렇듯 욕구가 있어서 짖을 때는 목적을 이루고 나면 자연스럽게 짖기를 멈춥니다.

반려견이 오랫동안 무엇인가를 보면서 짖는 것은 보통 불안과 공포를 느낄 때입니다. 태어나서 부모, 형제자매와 사회화과정을 겪으면서 혼자 남겨진 경우 공포와 불안감으로 오래 짖는 경우가 있습니다. 이유가 없이 짖지는 않기 때문에 반려견이 짖을 때는 이유를 찾아봐야 합니다. CCTV를 설치해 혼자 있을 때 반려견이 어떤 모습을 하고 있는지 관찰하는 것도 좋은 방법입니다.

일반적으로 반려견이 짖는 이유는 낯선 환경과 어떠한 소리에 대한 경계의 의미에서입니다. 택배기사처럼 낯선 사람들이 집 주위를 지나가기만 해도 짖어대는 이유입니다. 또한 산책이 부족하거나 스트레스로 예민해져도 심하게 짖을 때가 있습니다.

반려견에게 짖는 것은 놀이입니다. 반려견이 낯선 외부인에게 반응하여 짖어대고, 그 결과 자신이 짖으면 소리도 사람도 사라지는 것을 경험한 후 거기에서 재미를 느끼기도 합니다. 하루 종일 혼자 있는 집에서 재미있게 놀 수 있는 놀이가 되는 것이죠. 여기에 재미를 느낀 반려견들은 옆집에서 초인종 소리가 나거나 심지어 전화벨 소리만 나도 짖습니다.

이런 경우 어떻게 해야 할까요? 이보다 더 재미있는 놀이가 있다는 것을 알려줘야 합니다. 우선 규칙적인 식습관과 무분별한 간식을 주지 않는 연습을 먼저 합니다. 반려견의 집을 현관과 떨어져 현관문이 보이지 않는 사각지대로 옮깁니다. 초인종이 울렸을 때 바로 문을 열지 않고 평소 좋아하는 장난감이나 좋아하는 간식이 들어있는 피딩토이를 던져 준 후 문을 엽니다. 그러면 처음에는 소리와 사람에 반응을 하지만 초인종이 울릴 때마다 간식과 장난감이 주어진다는 것을 알고 문 쪽이 아닌 자기 집으로 발길을 돌립니다. 그리고 "앉아!", "기다려!", "엎드려!"의 예절교육까지 해준다면 짖거나 흥분한 마음을 쉽게 가라앉힐 수 있습니다.

Q 소방차나 응급차가 지나가면 갑자기 "워우~!" 하며 울부짖어요

"워우~!" 하고 울부짖는 것을 '하울링'이라고 합니다. 절벽 위에 선 늑대가 달을 향해 울부짖는 모습이 떠오를 겁니다. 반려견이 하울링을 하는 이유는 늑대가 조상인 만큼 사냥을 위해 무리를 한곳에 모으거나, 여기는 내 구역이라고 주장하기 위해 하울링 하던 습관이 남아있기 때문입니다.

최근 연구 결과에 따르면 응급차와 소방차가 내는 소리의 주파수가 반려견이 하울링을 하는 주파수와 비슷하다고 합니다. 보호자가 듣는 소리는 전혀 다르지만 반려견에게는 동일 주파수로 인지가 되어 저 멀리 다른 반려견의 소리로 인지하여 짖을 수도 있습니다.

물론 분리불안 같은 행동 질환을 앓는 경우나 혼자 있는 것에 대한 두려움과 공포로 인해 하울링을 하는 경우도 있습니다. 분리불안은 동물병원에서 확실한 진단을 받고 약물치료를 꼭 병행해서 행동교정을 해야 합니다. 물론 약물처방을 받기 전에 분리불안에 도움이 되는 장난감과 기능성 의류를 입히는 것도 많은 도움이 됩니다. 이유를 알아보려면 CCTV나 핸드폰 카메라를 이용하여 관찰하는 것이 좋습니다.

Q 다른 사람과 대화할 때 저를 보면서 엄청 짖어요

질투심 때문일 수 있습니다. 보호자가 다른 사람과 대화할 때 자신에게는 관심을 보이지 않으니 질투가 나서 그럴 수 있습니다. 보호자가 통화할 때는 반려견이 가만히 앉아서 기다리게 하는 연습을 해야 합니다.

하지만 그전에 반려견이 관심을 가져달라는 뜻의 질투심으로 그러는 것인지, 아니면 전화벨 소리에 민감하게 반응하는 것인지를 구분할 필요가 있습니다.

전화벨 소리가 났을 때 반응하여 짖는다면 우선 전화벨 소리를 진동으로 바꿔주세요. 전화벨 소리에 짖기 시작해 더욱더 흥분하게 되면 걷잡을 수가 없습니다. 전화벨 소리가 울리면 “전화 온 거 알려줘서 고마워. 알았으니까 이젠 앉아. 그리고 기다려.” 조금 기다리면 “엎드려!”를 시켜서 흥분한 상태를 가라앉혀 주세요. 이렇게 반복하면 짖는 행동을 고칠 수 있습니다.

전화를 받을 때마다 반려견과 시선을 맞추지 말고 자리를 벗어나는 것도 한 방법입니다. 전화를 받을 때 짖어대는 반려견에게 “조용히 해! 저리가~!” 등의 말을 하면 반려견은 보호자가 짖는 행동에 대해 반응을 하는 것으로 느낍니다. 그러면 더욱더 짖습니다. 또 다른 방법으로는 짖을 때마다 “하우스!”, “크레이트!”라고 말하며 하우스로 들어가서 안정을 취하는 법을 가르쳐줍니다. 반복해서 연습하면 전화벨 소리가 날 때마다 하우스에 들어가고 “간식을 먹을 수 있거나 간식이 들어있는 장난감과 재미있는 장난감을 보호자가 준다.”라는 칭찬과 보상 개념을 익혀 전화벨 소리는 곧 간식으로 인식합니다. 이후에는 전화벨 소리가 울리자마자 하우스로 들어가는 모습을 볼 수 있습니다.

Q 울타리에 넣자마자 꺼내달라고 짖어요

반려견은 울타리 안에 들어가 있는 순간을 참지 못하거나 안에 있는 것을 불안해할 때 짖어댑니다. 또한 꺼내달라고 울거나 짖을 때마다 이름을 부르며 조용히 하라고 타이르거나 야단치는 보호자의 행동을, 자기를 봐주러 오는 답변으로 생각할 수 있습니다.

반려견을 울타리로 공간을 분리하면 반드시 열고 닫는 문을 지정하여 그 문을 통해서만 출입하게 해야 합니다. 간혹 보호자가 편하게 생각하고 울타리 너머로 반려견을 꺼내고 넣기를 할 경우, 반려견은 울타리를 넘어 다니는 것으로 착각해 울타리를 뛰어넘으려고 합니다. 문을 열고 닫으며 출입하는 연습을 한 반려견은 절대 울타리를 뛰어넘으려고 하지 않습니다.

그리고 반려견이 아무리 짖고 울어도 반응을 보이면 안 됩니다. 또한 울거나 짖는다고 꺼내주면 안 됩니다. 먼저 "앉아!", "기다려!", "엎드려!"의 예절교육을 통해 안에서도 흥분해서 울거나 짖거나 해도 호흡하기, 앉아 있기를 통해 심호흡으로 이완할 수 있게 합니다. 울거나 짖지 않을 때 이름을 부르면서 꺼내줍니다. 보호자가 안쓰러운 마음에 반려견의 행동을 받아주면 엉뚱한 짖음이나 하울링을 초래할 수 있습니다.

Q 낯선 반려견만 보면 무조건 으르렁대고 공격성을 보여요

낯선 반려견을 대할 때마다 둔감하게 받아들이는 교육을 해야 합니다. 자극에 노출되어도 공격적으로 반응하지 않게 하는 것입니다. 낯선 반려견에게 공격성을 드러낼 때, 관심 분산을 위한 다른 지시를 내려 이에 따르게 만들고, 그때마다 좋아하는 간식으로 보상하면 점진적으로 행동이 바뀌어갑니다. 편안해지고 불안을 경험하는 일이 줄어들어 다른 반려견과 천천히 가깝게 지낼 수 있습니다. 이러한 과정이 진행되는 동안 공격적인 행동이나 불안한 반응을 보이더라도 조급해하지 말고 다시 처음부터 반복하면 됩니다.

우선 처음 시작은 다가오는 개체를 반려견이 아는 사람이나 동물로 시작하는 것이 좋습니다. 반려견을 복도 끝이나 다른 방에 위치시킨 후 앉아서 기다리게 한 다음 맛있는 간식 등으로 보상합니다. 사람이나 다른 반려견이 다가올 문밖을 바라보게 한 뒤, 처음에는 반려견과 문의 거리를 멀게 해서 다가오는 것을 잘 볼 수 없게 하고 짧게 마주치게 합니다. 그래도 불안해한다면 좀 더 떨어진 곳으로 반려견을 데리고 가서 처음에는 1~2초만 반려견의 시야에 보이게 합니다. 접근 개체가 지나갈 때 반려견이 흥분하지 않고 쉽게 호흡할 수 있도록 쓰다듬어주고, 전체적으로 이완이 되고 보호자만 지속적으로 볼 수 있을 때 보상을 해주면 됩니다.

반려견이 적응하면 조금씩 다가가 사람이나 동물에 대한 노출 시간도 점점 늘립니다. 익숙해지면 낯선 사람이나 반려견이 있는 공원 또는 분주한 장소에 나가 연습합니다. 처음에는 반려견이 보호자를 볼 때마다 매 순간 보상하다가 이후에는 점차 간헐적으로 보상을 해줍니다.

다른 반려견의 짖는 소리에 둔감하게 만들려면 다른 반려견의 소리를 녹음하여 들려주는 것도 좋은 방법 중의 하나입니다. 처음에는 낮은 소리에서 시작해서 점차 익숙해지면 소리를 높입니다. 낮은 소리를 들려주면서 지시를 하고 잘 따르면 보상을 바로 해줍니다. 지시할 때는 즐거운 목소리로 합니다. 너무 서둘러서 진행하지 말고 성공할 수 있는 쉬운 수준부터 연습합니다. 반려견이 계속 불안 증상을 보이면 둔감화 교육 속도가 너무 빠르다는 뜻입니다.

연습을 시킬 때는 긴장하지 않고 얌전히 행동하면 꼭 보상을 해줍니다. 반응에 따라 2~20분으로 연습 시간을 늘려가면서 조절해줍니다.

한 번에 긴 시간 연습하기보다 하루에 여러 번 짧게 연습하는 것이 효과적입니다.

Q 텔레비전에 동물이나 움직이는 사물이 나오면 흥분해서 자꾸 짖고 달려들어요

반려견은 인지능력이 있는 동물입니다. 사람이 손가락으로 사물을 가리키면 손이나 손가락을 보기도 하지만 가리키는 방향을 보기도 하는 동물입니다. 텔레비전에 나오는 사물과 움직이는 것들에 호기심을 갖고 관심이 있다는 표현으로 짖는 것입니다. 보통 이렇게 짖는 것에 보호자가 "짖지 마!"라고 혼을 내거나 입을 잡는다든가 화내는 반응을 보이면, 반려견은 내가 짖을 때마다 말대꾸를 해주는 것으로 착각을 하게 됩니다. 반려견이 그 반응을 좋게 착각하여 더욱더 신이 나서 짖는 것입니다.

동물과 사람이 아닌 일반적인 사물이 나왔을 때 짖는 것은 새로운 것에 대한 경계일 수도 있습니다. 움직임과 함께 동시에 들리는 소리에 반응할 수 있습니다. 또한 특수한 소리에 민감하게 반응하여 짖는 경우가 있습니다.

반려견이 특징적으로 싫어하는 사물이나 장면을 보고 민감하게 반응을 보이면, 가능하면 특정한 소리를 디지털보다 아날로그로 녹음해서 반복적으로 틀어주어 탈감작(민감 소실 요법, desensitization)을 해주면 좋습니다. 텔레비전을 켜놓아 어떠한 소리를 듣거나 장면을 볼 때는 편안한 자세와 맛있는 간식을 주면서 긴장을 완화시켜줍니다. 그리고 그러한 장면과 소리를 점차 크게 해주면서 간식을 계속 먹을 수 있게 하면 긴장 완화에 도움이 됩니다. 그럼에도 이러한 행동이 호전되지 않는다면 동물병원에서 약물치료를 처방받아 병행하는 것이 도움이 됩니다.

Q 어느 순간부터 자기 몸 만지는 걸 싫어해요

반려견이 건강하게 지내려면 기본적인 건강관리는 필수인데 몸을 만지는 걸 싫어한다면 큰일입니다. 보통 보호자들은 반려동물이 싫어해도 건강관리는 해야 한다고 강압적으로 하는 경우가 있습니다. 반려동물은 싫다면서 도망 다니고, 보호자는 잡으러 다니면서 한바탕 소동이 벌어지고 서로 스트레스를 받습니다. 어떻게 해야 할까요? 반려견이 원치 않는 일을 할 때는 최대한 스트레스를 덜 받게 해야 합니다.

우선 건강관리는 반려견의 몸을 만져야만 진행할 수 있습니다. 하지만 반려동물은 갑작스럽게 몸을 만지는 걸 좋아하지 않습니다. 특히 그 과정에서 별로 좋지 않은 경험이 생기면 그 이후 몸 만지는 것 자체가 큰 두려움이자 스트레스가 됩니다.

몸 만지기는 건강관리의 기본이자 몸의 이상을 조기에 발견하는 데 중요한 역할을 합니다. 처음에는 손을 이용해 핸드콩을 만들어 반려동물이 거기에 집중할 때 몸을 만집니다.

반려동물이 평소에 좋아하는 사료나 간식을 조금 준비한 후 손바닥에 놓고 살짝 주먹을 쥡니다. 보상에 사용되는 모든 간식은 작은 크기(1cm 이하의 큐빅 모양)로 잘라 준비하는 것이 좋습니다. 간식을 주는 게 목적이 아니라 동물에게 좋은 기억을 심어주는 것이 목적이기 때문에 적은 양으로도 충분합니다. 오히려 간식이 너무 크면 몇 개 먹고는 관심을 보이지 않아 교육을 계속 진행하기가 어렵습니다. 또 간식을 너무 많이 주면 사료를 먹지 않게 되고 고칼로리여서 살이 찔 수도 있습니다.

느슨하게 주먹을 쥔 상태에서 음식을 보여주면 반려견은 냄새를 맡고 주둥이(입)를 손 안에 밀어 넣습니다. 그러면 손 입구를 아주 조금씩 열어 반려견이 음식에 계속 집중하게 해줍니다. 그때 보호자는 다른 손을 이용해 다리와 귀, 몸 구석구석을 만집니다. 혼자 하기 힘들 때는 한 사람은 손으로 핸드콩을 만들고 다른 사람이 차근차근 몸을 만집니다. 만일 반려견이 조금이라도 불편해하면 중단하고 간식만 조금씩 먹게 합니다.

처음에는 천천히 등이나 배부터 가볍게 살살 쓰다듬듯이 만지고, 반려견이 받아들이면 좀 더 적극적으로 몸을 만져 익숙해지게 합니다. 이

과정에서의 보상은 보다 쉽게 반려견의 몸을 만지는 데 많은 도움이 됩니다. 먹을 것이 모두 떨어지면 몸 만지기(스킨십)를 멈추고 다시 간식을 준비한 후 계속 쓰다듬기를 합니다. 마지막으로 칭찬과 함께 남은 간식을 다 준 후 쓰다듬기 과정을 마칩니다.

반려견이 충분히 익숙해지면 칭찬만 하면서 몸을 만지기 시작한 후 끝날 때 간식을 제공합니다. 이 모든 것에 익숙해지기 전까지는 발톱 깎기나 귀청소 등 다른 건강관리는 절대 시작하지 않는 것이 좋습니다.

처음에는 간식과 음식 보상이라는 좋은 경험을 통해 동물이 불편함을 견딜 수 있게 해줘야 합니다. 이후 익숙해지면 마지막에 음식을 주는 방법으로 이 과정을 스스로 견딜 수 있게 해주는 것입니다.

강아지가 왜 발가락을 핥는 것일까?

첫째, 발가락 사이에 습진처럼 피부 염증이 생겨서 가려움 때문에 핥는 경우가 있습니다. 동물병원에서 진료와 검사를 받고 내복약과 외용제 처방을 받아 치료할 수 있습니다.
둘째, 알레르기가 원인으로 식이성으로 보통 오는데 사료나 먹는 간식이 자신의 체질에 맞지 않아서 가려움증을 유발할 수 있습니다.
셋째, 바로 분리불안일 때 보이는 전형적인 증상입니다.

Q 외출만 하면 온 집 안을 엉망으로 만들어요

집에 혼자 두면 짖어대고, 집 안을 난장판으로 만드는 분리불안은 많은 보호자들의 고민거리입니다. 대부분 보호자들은 밖으로 나가기 전에 "잘 다녀올게."라고 말하며 혼자 잘 놀고 있으라고 스킨십을 더 많이 하고 대화도 더 많이 나누다가 헤어집니다. 그러곤 외출에서 돌아오자마자 반려동물을 바로 안아주면서 또 "혼자 있느라 외로웠지?"라고 말하며 스킨십을 많이 해줍니다. 이런 행동이 오히려 보호자와 떨어져 있을 때 공포와 두려움, 그리고 집착을 불러옵니다. 외출이나 출근하기 30분 전에는 모른 척하는 것이 좋습니다. 돌아와서도 30분에서 1시간 이후에 아는 척을 합니다. 그러면 반려동물의 분리불안을 없앨 수 있습니다.

라디오나 텔레비전을 틀어서 혼자 있는 데 적응할 수 있게 도와주고, 혼자서 놀 수 있는 장난감도 준비합니다.

Q 쓰다듬을 때마다 손가락을 자꾸 물어요

혹시 반려견이 쫓아다니면서 발뒤꿈치를 물지 않나요? 반려견을 쓰다듬을 때마다, 간식을 주려고 할 때마다 문다면 그 이유는 다음과 같습니다.

반려견은 생후 2주가 지나면서 치아가 나오기 시작하는데 이때 잇몸이 매우 가렵습니다. 그래서 주위에 있는 모든 것을 물고 뜯습니다. 실리콘과 봉제 장난감을 주긴 하지만 해결이 되지 않습니다. 이때 보호자가 머리나 몸을 쓰다듬어주면 손을 물거나 핥는 것입니다. 아직은 치아가 발달하지 않은 상태여서 손가락을 물어도 아프지는 않습니다. 그러다 보니 보호자가 손가락을 내주면서 장난치고 놀아주기도 합니다. 그게 시작입니다. 나중엔 볼 때마다, 생각날 때마다 손가락과 발가락을 물어댑니다. 시간이 흐를수록 무는 강도가 강해져 예전 같지 않습니다. 그

러던 어느 날, 세게 물린 보호자가 호되게 화를 냅니다. 하지만 반려견은 무엇이 잘못됐는지 알지 못합니다. 잘 놀다가 갑자기 화를 낸 보호자가 이상해 보일 뿐입니다.

무심코 내준 손가락과 발가락이 시간이 지나면서 반려견에게 재미난 놀이가 되어버린 것입니다. 이미 그렇게 인식이 되어버렸다면 어떻게 해야 할까요? 반려견이 손가락을 물 때마다 "아야!", "아파!", "아!"라고 아프고 싫다는 소리를 굵고 짧게 냅니다. 그리고 반려견을 쳐다보지 말고 가까운 방이나 화장실로 들어가 반려견과 함께 있던 공간을 벗어납니다. 3분 정도 있다가 돌아와 아무 일 없었다는 듯이 다시 놀아주면 됩니다. 절대 화를 내지 않습니다. 이렇게 반복하면 반려견이 보호자의 손가락과 발가락을 물면 놀이가 중단된다는 사실을 알게 됩니다.

반려견이 무는 이유는?

대부분의 반려견은 함부로 물거나 물어뜯지 않습니다. 깜짝 놀라거나 통증을 느낄 때, 불쾌감이나 불안을 느낄 때, 더 이상 도망칠 곳이 없다고 느껴질 때 물 수 있습니다. 자신이 싫어하는 행동을 피하기 위해서도 무는 행위를 합니다. 생후 4~6개월 사이 유치에서 영구치로 변하는 시기에도 잇몸이 가려워 뭐든지 물려고 합니다. 이때 무조건 물지 못하게 막기보다 물어서는 안 되는 물건과 물어도 되는 물건을 구별해주는 것이 좋습니다. 그리고 장난치듯 사람을 가볍게 무는 경우에도 방치했다가는 성견이 되었을 때 버릇으로 남을 수 있으므로 제대로 주의를 줘야 합니다.

Q 신발을 가져다가 물어뜯고 화초를 엉망으로 만들어요

반려견은 우리가 평생 보살펴야 하는 3~5살짜리 아이와 같습니다. 종종 보호자들은 이러한 생각을 잊고 반려견을 혼내고 나무랍니다. 아이 키울 때를 생각해보면 반려견을 어떻게 보살펴야 할지 답을 찾을 수 있습니다. 아이가 기어 다니거나 아장아장 걷기 시작할 무렵이면 부모들은 아이 손에 닿는 곳에 있는 위험한 물건들을 치웁니다. 아직 사물에 대한 인지능력이 부족한 어린아이가 입에 넣거나 삼키면 위험할 수 있기 때문입니다. 반려견도 마찬가지입니다. 신발을 치우거나 현관에 내려가지 못하게 울타리나 펜스를 이용할 수 있습니다.

쓰레기통, 슬리퍼, 화분도 마찬가지입니다. 반려견에게 쓰레기통은

세상의 많은 냄새를 가진 아주 재미있고 신기한 곳일 뿐입니다. 쓰레기가 담겨 있어서 절대 뒤지면 안 된다는 것을 반려견은 알지 못합니다. 슬리퍼, 방석, 쿠션 등의 실내 소품들도 마찬가지입니다. 이게 명품인지 소모품인지, 물면 안 되는 것인지 구분하지 못합니다. 화분에 있는 흙과 화초들도 산책할 때 재미있게 놀았던 곳을 떠올리게 하는 신나는 장난감입니다.

화분에 있는 흙을 섭취하게 되면 유기인제 같은 화분의 비료 성분으로 인해 반려견의 건강을 해칠 수 있습니다. 반려견들이 만지지 말았으면 하는 것들은 미리미리 치워두거나 울타리를 이용해 접근하지 못하게 막아야 합니다. 절대로 반려견에게 화를 내거나 사람 대하듯 말로 설득하려고 하면 안 됩니다.

혼자 있을 때 장판을 물어뜯는 경우도 있는데, 반려견이 혼자서 재미있게 갖고 놀 수 있는 장난감이 없어서 그럴 수 있습니다. 재미있는 장난감을 주면 장판이나 슬리퍼 등을 물어뜯는 행동을 고칠 수 있습니다.

Q 어느 날부터 이름을 불러도 오지 않아요

반려견이 왜 그런 걸까요? 이유는 간단합니다. 이름이 불렸을 때 칭찬받은 기억보다는 혼나고 야단맞은 기억이 더 많고 강하기 때문입니다. 보호자의 손에 간식이 있는지 없는지부터 확인하고 없으면 휙 돌아서 가버립니다. 이를 흔히 반려견이 보호자를 무시한다는 '개무시'라고 합니다. 보호자가 반려견의 이름을 부르는 소리는 세상에서 가장 행복한 소리여야 합니다.

이 정도면 다시 처음부터 시작해야 합니다. 약속한 규칙을 지켰을 때만 간식을 주는 것으로 무분별한 간식주기를 멈춰야 합니다. 그러고 나서 좋아하는 간식을 들고 반려견 이름을 부릅니다. "이름을 부르면서 간식을 준다."라는 공식은 이름을 부르는 소리를 기분 좋고 행복한 소리로 인식하는 데 도움이 많이 됩니다.

그리고 점점 거리를 늘려갑니다. 보이지 않는 곳에서도 이름을 부르는 연습을 합니다. 어느 순간이 되면 간식을 바로 주기보다 피딩토이를 이용해도 좋습니다. 나중에는 만져주기만 해도, 장난감만 줘도 큰 보상이 됩니다. 물론 하루 이틀 연습으로는 효과가 크지 않습니다. 최소 2주 이상 반복해서 학습해야 합니다.

Q 엄마만 보호하기 위해 다른 가족을 공격해요

"중성화수술을 한 4살 된 수컷 닥스훈트입니다. 집에서 엄마 외에는 다른 가족을 공격합니다. 산책할 때 다른 반려견들을 공격해서 강압적으로 진정시킨 적이 있습니다. 인형놀이나 줄다리기 놀이를 좋아하지만 아이들이 무서워서 잘 놀아주지 않습니다. 하루 종일 각종 물건을 씹는 것을 좋아하고 낯선 사람과 동물을 보면 짖고 공격적입니다. 장난감을 치우면 으르렁대고 간식이나 장난감, 좋아하는 사람 근처에 다른 반려견이 와도 으르렁댑니다. 보호자인 엄마 근처에 다가가는 아이들을 수시로 물고 있습니다. 이럴 때마다 충격기, 스프레이, 초크체인을 사용해서 제압하곤 했습니다. 그러고 나면 크레이트에 가둬두기도 했습니다. 행동교정이 가능할까요?”

이러한 증상은 보호자에 대한 영역 보호 공격 성향과 비슷합니다. 영역에 대한 보호 공격성은 어떤 개체나 무리가 한 개체나 무리에게 특별한 위협 없이 접근하는데도 불구하고, 제한된 고정 공간(마당 등)이나 유동 공간(자동차 등) 주변에서 지속적으로 보이는 공격성을 의미합니다.

이 두 가지 상황 모두 서로 거리가 가까워짐에 따라 공격성이 늘어납니다. 영역은 유동적, 일시적, 계절적일 수도 있고 좀 더 오래갈 수도 있습니다. 공원의 벤치처럼 영역으로 적절하지 않은 장소를 지킬 수도 있고, 적절한 장소지만 맞지 않는 상황에서 지킬 수도 있습니다. 예를 들어 보호자를 오지 못하게 하는 것을 말합니다.

자동차, 크레이트, 울타리, 목줄 같은 제한된 공간은 영역 공격성을 강화하기도 합니다. 따라서 묶어두거나 가두어두면 상황을 더욱 악화시킬 수 있습니다. 묶여 있거나 울타리에 갇힌 반려견은 영역을 지키려는 경향이 강해지기 때문입니다. 보호자가 만지거나 안으려는 행동이 보호 공격성을 유발할 수 있으므로 주의해야 합니다. 실제 위협이 없는데도 상황에 맞지 않게 예민하게 반응하면 보호 공격성을 의심해봐야 합니다.

영역 보호 공격성이 있다면 불시에 누가 방문하는 상황을 피하는 게 좋습니다. 불가피하게 방문할 경우에는 15~30분 전에 미리 반려견을 다른 방에 둬서 보호 행동을 할 만한 상황을 예방하는 것이 필요합니다. 이때 혼자 있는 반려견에게 푸드 퍼즐, 피딩토이 등의 행동학 장난감을 제공해주면 좋습니다. 이 증상이 호전되기 전까지는 반려견을 무서워하는 사람은 아예 방문하지 않도록 협조를 구해야 합니다.

위협이 없는 장소에서 변려견에게 심호흡하며 앉아서 기다릴 수 있도록 가르치면 도움이 됩니다. 영양 보조제 함량이 높은 사료, 오메가-3 지방산DHA/EPA도 반려견을 덜 예민하게 만듭니다. 오메가-3 지방산은 여러 번에 걸쳐 하루에 1200~1500mg 정도 주면 좋습니다.

동물병원에서 진단받은 약물치료를 함께 하는 것이 중요합니다. 수년간 몸에 익숙해진 행동이기 때문에 치료 예후는 그리 좋지 않을 수도 있습니다. 그러므로 어떤 경우든 예방이 정말 중요합니다. 안전을 위해서는 어린아이와 공격성향이 있는 반려견은 함께 두지 않게 주의하세요. 전기 충격 목걸이는 공격성만 증가시키기 때문에 사용하지 않는 것이 바람직합니다.

Q 하품도 자주 하고 혀를 내민 채 헥헥거려요

반려견이 스트레스를 받을 때 보이는 반응입니다. 사람과 마찬가지로 반려견도 스트레스를 받습니다. 특히 보호자의 행동 때문에 스트레스를 많이 받습니다. 규칙을 깨는 행동들로 혼란스러워하기도 하고 규칙을 지켰다 안 지켰다 모순되는 상황이 반복되면 매우 큰 스트레스를 받습니다.

스트레스를 받으면 보통 흥분하기 시작해 심박수가 증가하고, 헥헥거리며 혀를 내밀기도 하고, 털이 많이 빠지면서 각질과 비듬이 많이 생기고, 하품도 많이 하고, 눈도 많이 깜빡입니다. 또한 배변·배뇨를 갑자기 못 가린다거나 구토와 설사를 하기도 합니다. 흥분이 심해지면 공격성을 보이며 물기도 하고, 강박증으로 발가락을 많이 핥기도 합니다. 이처럼 평소와 다른 행동을 보이면 유심히 관찰할 필요가 있습니다.

스트레스를 받은 반려견은 그로 인해 다른 질병들로 진전이 될 가능성이 매우 높기 때문에 동물병원에 꼭 내원해서 건강 상태를 확인하는 것이 중요합니다.

보호자들이 반려견에게 가장 쉽게 스트레스를 해소시켜주는 방법은 산책과 놀이입니다. 함께하는 잡아당기기 놀이, 운동장에서 신나게 뛰는 것도 스트레스 해소에 좋습니다. 대부분의 보호자들은 맛있는 간식으로 위로하려고 하지만 스트레스 해소에 맛있는 간식이 전부는 아닙니다. 간식과 함께하는 전신 마사지나 스킨십이 더욱 좋은 효과를 가져올 수 있습니다. 또한 반려견이 안정을 찾을 수 있도록 전신을 주물러주고 마사지를 해주는 것도 중요합니다.

07

우리 강아지, 내가 지켜줄게

Q 크레이트에 익숙하게 하려면 어떻게 해야 하나요?

손님이 오면 크게 짖어대는 통에 민망해질 때가 많습니다. 보호자와 떨어져 분리불안증을 느낄 때도 크게 짖고, 공사장 소음이나 천둥소리 등을 듣고 공포를 느낄 때 짖기도 합니다. 이럴 때는 크레이트 교육으로 문제를 해결할 수 있습니다. 크레이트 공간이 좁아서 안쓰럽게 생각하는 보호자도 있는데 반려견을 잘 관찰해보면 그렇지 않다는 것을 알 수 있습니다. 개들은 구석지고 좁은 곳을 좋아합니다. 불안감을 느낄 때 침대나 책상 밑 혹은 소파 뒤로 숨는 반려견들을 볼 수 있습니다. 임신한 반려견이 분만이 다가오면 외지고 으슥한 곳을 찾는 것도 같은 이유입니다. 대다수 반려견들이 이불 속에 들어와 자는 경우가 많은데 이 또한 추워서가 아니라 동굴에 있는 듯한 포근함을 느껴서입니다.

크레이트 교육법

먼저 크레이트에 대한 거부감부터 제거해야 합니다. 사람처럼 반려견도 처음 접하는 물건에 대한 경계심이 많습니다. 그 상태에서 크레이트 안에 반려견을 강제로 밀어 넣고 문을 닫는다면 불안감은 이루 말할 수 없이 커집니다. 처음에는 문을 열어놓은 상태로 크레이트 안에서 놀아주고 간식을 넣어주는 등(콩 장난감 같은 피딩토이 안에 간식을 넣어서 이용하면 좀 더 긴 시간을 크레이트에서 보낼 수 있음) 친밀감을 느끼게 한 후 서서히 거부감이 없어지면 잠깐씩 문을 닫아줍니다. 잠시 후 꺼낸 다음에는 간식을 주는 등 칭찬을 병행합니다. 이때 간식이나 장난감을 물고 크레이트에서 나온다면 다시 넣어주는 행동을 반복하여 크레이트와 친밀하게 합니다.

간혹 문을 닫자마자 불안해하는 반려견도 있습니다. 이때는 약간의 칭찬으로 마음을 가라앉힌 후 진정이 되면 꺼내어 간식을 주면서 다시 칭찬해줍니다. 불안해한다고 바로 문을 열어 꺼내버리면 그러한 행동이 강화되어 점점 더 문을 닫을 수 없게 됩니다. 크레이트에 쿠션이나 담요를 넣어주면 좀 더 아늑함을 느껴 편안하게 지낼 수 있습니다.

절대 하지 말아야 할 일

간혹 무서워서 짖어대는 반려견에게 벌을 준답시고 크레이트에 가두는 경우가 있습니다. 크레이트 문을 닫고 열어주지 않는 것을 반복하면 반려견은 폐쇄공포증에 시달릴 수 있습니다. 그러면 더욱더 크레이트를 싫어하게 되겠죠. 벌칙을 목적으로 크레이트를 사용해서는 안 됩니다.

반려견과 함께 떠나는 여행

크레이트 트레이닝이 잘 이루어지면 반려견과 함께하는 여행도 안심하고 떠날 수 있습니다. 반려견에게 크레이트가 안심하고 쉴 수 있는 장소라고 인식되면, 자동차는 물론 비행기에서도 크레이트에 넣어 탑승할 수 있습니다. 그리고 이동 중 차 안이나 여행지 숙소에서 일어날 수 있는 배변·배뇨 문제도 예방할 수 있습니다. 또한 모르는 장소라고 해도 익숙한 크레이트가 있다면 반려견 입장에서는 안심하고 잘 수 있습니다.

Q 흥분하거나 불안할 때 제자리에서 빙빙 돌거나 불러도 반응이 없어요

이러한 증상을 보통 강박장애(강박증, Obsessive-Compulsive Disorder)라고 합니다. 강박증은 반복적으로 같은 행동을 하거나 환각을 쫓는 행동을 과도하게 하는 질환입니다. 증상이 심해지면 정상생활을 방해하며 사람이나 다른 동물의 방해 또는 통증에 반응조차 하지 않습니다. 흔한 강박행동으로는 제자리 돌기, 원 그리기, 같은 구간을 왔다 갔다 하기, 뒤쫓기, 이물질을 핥거나 깨물기, 이물질 섭취, 그림자 쫓기, 신체 부위를 핥거나 물어뜯기, 신체 한 부위에 집중하기(꼬리 쫓기 등), 반복적으로 단조로운 소리내기 등이 있습니다. 어미 개와 일찍 떨어져서 불린 사료를 일찍 먹게 되는 것도 원인 중 하나입니다. 사회화시기에 외부 자극이 부족해서도 발생할 수 있습니다. 지루하거나 보호자와의 상호작용이 부족한 경우에도 나타날 수 있습니다. 크레이트나 일반 케이지에서 하루 종일 생활한 반려견은 자극이 매우 부족하여 이러한 증상을 보일 수 있습니다.

외부에서 들려오는 소음, 보호자의 잦은 고성과 부부싸움으로 인한 스트레스, 갈등, 지속적 불안도 원인이 될 수 있습니다. 또한 유전적 품종학적 요인도 원인이 될 수 있는데 불테리어는 꼬리 쫓기와 제자리 돌기를 주로 보이고, 도베르만 핀셔는 흔히 옆구리나 물건 핥기를 합니다. 저먼 셰퍼드는 환영과 꼬리 쫓기, 달마시안과 로트와일러는 환영, 리트

리버는 핥기와 자기 자해 등의 증상을 보입니다. 하지만 어떤 반려견은 극도의 스트레스가 있어야 강박증이 진행되는 반면 어떤 종은 적은 스트레스 상황에서도 증상을 보일 수 있습니다.

보통 강박증이 시작되는 나이는 1~3년으로 사회화 부족과 관련이 있습니다. 하지만 다른 질환 등이 원인이 되는 경우도 있을 수 있으므로 동물병원에서 감별진단을 받아야 합니다.

이런 증상이 시작되는 데는 반드시 어떤 계기들이 있습니다. 반려견이 음식을 먹기 전후나, 보호자가 외출했을 때, 사람이나 동물을 봤을 때 등의 상황에서 주로 나타납니다.

강박증상이 너무 심할 때는 행동수정 전에 3~5주 정도 약물을 먼저 사용해야 할 수도 있습니다. 어느 정도 완화되기까지는 행동수정 자체를 시작하기 어렵습니다. 하지만 존중, 심호흡, 이완교육은 기초교육으로 반드시 실시해야만 합니다. 체벌이나 잘못된 행동에 대한 강화 행동을 하지 말고 보호자와의 관계를 재구축하여 약속을 통한 신뢰 관계를 회복해야 합니다.

그렇다면 언제 행동을 멈추게 해야 할까요? 반려견이 이미 강박행동을 하고 있다면 내적 보상이 이뤄진 상태이므로 교육 효과가 떨어질 수 있습니다. 강박행동을 시작하려고 할 때 다른 행동으로 유도해서 보상해야 합니다. 예를 들어 꼬리잡기를 하는 경우 꼬리를 쳐다보고 준비할 때 바로 멈추게 합니다. 물론 늦게라도 발견하면 바로 행동을 멈추게 하는 것이 하지 않는 것보다 낫긴 합니다.

그만두게 하는 방법을 택할 때 혼내거나 소리를 지르는 것은 물론 금물입니다. 반려견에게 스트레스를 주어서는 행동치료에 전혀 도움이 되지 않기 때문입니다. 빈 봉지 소리나 나무 부딪히는 소리 등 의미 없는 소리를 내서 반려견의 주의를 돌려 그만두게 하는 것이 가장 좋은 방법입니다.

일상생활에서도 가능하다면 스트레스와 불안감을 줄여주고 적절하게 정신적·신체적 자극을 제공해야 합니다. 예를 들면 행동학 장난감으로 놀아주고 식사는 푸드 퍼즐을 이용해 제공하는 것이 좋습니다. 물론 강박장애는 완치가 어려울 수 있으며 조금이라도 관리가 소홀하면 재발하는 경우가 많습니다.

Q 새로운 물건이나 장소에 대해 깜짝 놀라며 두려워해요

이 증상은 '새것 공포증Neophobia' 입니다. 새롭고 친숙하지 않은 사물이나 환경에 대해 교감신경의 작용으로 회피, 불안 행동을 일관되게 보이는 질환입니다. 새로운 것에 대한 무조건적으로 거부감을 나타냅니다.

일반적인 두려움이나 공포증과 달리, 새것 공포증은 사회화시기인 어렸을 때 외부의 자극에 노출이 절대적으로 부족하면 발생합니다. 연구 결과 생후 14주 이전까지 노출이 되지 않은 반려견은 새것 공포증 발생 위험성이 매우 높다고 합니다. 이 시기에 아주 조금만 노출해줘도 새것 공포증을 피할 수 있지만 모든 반려견이 그런 것은 아닙니다.

일단 공포 관련 행동 질환은 애초에 유발되는 상황을 회피하는 것이 좋습니다. 그런데 절대적인 회피는 불가능하므로 약물의 도움을 받도록 합니다. 그러고 나서 행동수정을 통해 반려견이 개선될 때까지 새로운 자극원에 익숙해지는 방법을 사용해야 합니다. 예를 들어 눈가리개, 귀마개, 조용한 시간에 산책하기 등이 있습니다.

Q 차를 타기 싫어해요

"입양할 때 차에서 세 번 정도 구토한 경험이 있는데 그때 이후로 차를 타거나 차 주위에 있어도 헛구역질을 하면서 차를 타기 싫어해요. 어떡하면 좋지요?"

차에 대한 두려움이 엄청난 것 같습니다. 입양할 때 겪은 좋지 않은 기억이 영향을 미치는 것 같습니다. 이럴 경우 반려견이 차에 탈 때는 문을 열어놓은 채로 태우고, 흥분하지 않으면 칭찬하고 보상으로 간식을 먹입니다. 그리고 바로 차에서 나옵니다. 차 문은 편안해하면 그때 닫아줍니다. 흥분하지 않고 얌전하게 잘 있으면 다시 한 번 칭찬해주고 간식을 먹이고 바로 차에서 나옵니다.

그런 식으로 점차 차 안에 있는 시간을 늘려갑니다. 반려견을 앞좌석에 앉히고 라디오를 켜고 시동도 걸어봅니다. 반려견이 익숙해져서 이렇게 해도 흥분하지 않으면 칭찬하고 간식을 줘 보상합니다. 더 익숙해지면 반려견과 함께 산책을 자주 가는 아주 짧은 거리의 공원 등을 차를 타고 이동해봅니다. 가는 도중에 불안해하지 않으면 차를 세우고 칭찬과 더불어 간식을 줘 보상합니다. 이런 식으로 이동하는 거리와 시간을 조금씩 늘려갑니다. 반려견이 흥분했다가 진정하면 그때 차를 세우고 보상하기를 반복합니다. 이런 연습 중에도 반려견이 많이 불안해하면 교육을 잠시 멈추고 기다려줍니다. 침착해지면 다시 낮은 단계부터 반복합니다. 반려견이 흥분을 가라앉히지 않으면 교육을 그만하고 다른 날 다시 시작해야 합니다.

반려견이 어렸을 때 두려움이 생기는 이유는 외부 환경에 노출되는 경험 부족일 수도 있고, 아니면 아예 선천적일 수도 있습니다. 어릴 때는 이런 것이 큰 문제가 되지 않아 보호자가 그냥 지나칠 수도 있지만 성장하면서 사회성 부족으로 두려움은 더욱 심각해질 수 있습니다.

동물병원에 첫 접종을 하러 내원했을 때 유난히 두려움을 보이는 반려견들이 있습니다. 소심해서 그럴 수도 있지만 위협적이지 않은 사람이 접근할 때도 두려워한다면 정상 반려견의 행동이라고 보기 어렵습니다.

Q 번개나 천둥소리, 청소기 소리에 너무 예민해요

소음에 교감신경계가 작용하여 불안하고 두려운 반응을 보이는 것 같습니다. 보통 소음 공포증이라고 부릅니다. 반려견에게 이런 공포증이 발병하면 노출을 반복해주어도 지속적으로 예민하게 반응합니다.

증상은 일반적인 공포증과 유사하며 소리 지르기, 탈출 행동, 구토,

설사, 배뇨, 배변, 침 흘림, 파괴, 헐떡임, 배회, 경직, 떨림 등이 나타납니다. 일단 공포를 일으키는 소음을 피하는 것이 좋습니다. 소음을 차단해주는 헤드폰, 방음판, 귀마개 등을 사용합니다. 번개에 반응한다면 눈을 가려주는 것도 도움이 됩니다.

항산화제나 오메가-3 지방산이 들어있는 영양제는 스트레스로부터 신경을 보호하는 데 도움이 됩니다. 반려견마다 반응하는 소음과 증상이 다양해서 우선 어떤 소음에 민감한지 동영상 등을 촬영하여 확인해봅니다.

이때도 존중, 이완교육을 기본적으로 가르쳐줘야 합니다. 불안과 공포 반응에 무심코 보상하면 안 되고, 무서워서 울부짖으며 떨고 있을 때 "괜찮아!"라고 하거나 만지지 말아야 합니다. 괜찮은 상황이 아닌데 위로하거나 보상하면 반려견들이 혼란스러워하기 때문입니다. 그래서 보호자의 의도와는 전혀 다르게 더 불안해합니다.

평온하고 조용한 공간에 그냥 혼자 두고 옆에서 조용히 기다려주는 것이 좋습니다. 어릴 때부터 크레이트를 좋아하고 안전한 공간으로 인식할 수 있게 하는 것도 중요합니다. 번개나 천둥이 칠 때 크레이트에 담요를 덮어두면 반려견에게 안정감을 줄 수 있습니다. 크레이트를 싫어한다면 어둡고 조용히 숨을 만한 공간을 제공해주는 것도 좋습니다. 이러한 증상도 약물치료와 병행하면 더욱더 좋은 효과를 볼 수 있습니다.

Q 목욕을 싫어하는데 어떻게 시켜줘야 할까요?

동물은 원래 몸이 지저분하거나 냄새나는 것을 신경 쓰지 않습니다. 오히려 개구쟁이처럼 지저분한 것을 묻히고 냄새나는 것을 즐기지요. 하지만 사람들과 함께 생활하려면 목욕은 필수입니다. 문제는 잘못된 목욕방법 때문에 목욕하기를 싫어하거나 피부가 손상될 수 있다는 점입니다.

반려견을 목욕시킬 때는 우선 서두르지 말고 서서히 단계별로 씻겨야 합니다. 목욕 과정이 즐거울 수 있도록 중간에 보상도 해야 합니다.

① 목욕에 필요한 샴푸, 솜, 귀청소 약, 수건 등 모든 용품은 미리 준비합니다. 목욕 중간에 보호자가 자꾸 돌아다니면 반려견이 불안해하고 그만큼 목욕시간도 길어집니다.

② 목욕 중 바닥이 미끄럽지 않게 욕실바닥에는 미리 고무판이나 수건 등을 깝니다.

③ 물이 들어가지 않게 귀는 솜으로 막아줍니다. 혹시 이를 싫어하면 생략하고 물을 적실 때 귀에 물이 들어가지 않게 조심합니다.

④ 먼저 목욕에 앞서 반려견이 욕실과 샤워기 등에 적응하게 합니다.

⑤ 샤워기를 튼 다음에는 간식을 줘 기분 좋게 합니다. 한동안 목욕하기 전에 이를 반복합니다. 목욕을 너무 싫어하면 욕실 문 앞에서 보상합니다.

⑥ 반려견이 욕실에 익숙해지면 본격적으로 목욕을 시작합니다.

물은 미지근한 온도가 좋습니다. 너무 차갑거나 뜨거우면 반려견이 놀라서 나쁜 기억을 가질 수 있습니다. 또 물이 너무 뜨거우면 화상과 가려움증을 유발할 수 있어 주의해야 합니다. 물을 미리 받아 온도를 맞춘 후 바가지로 조금씩 몸을 적셔줍니다. 샤워기를 쓴다면 물을 약하게 튼 상태로 온도 변화를 계속 확인합니다.

샤워기를 멀리서 뿌리면 반려견이 놀랄 수 있어 샤워기를 몸에 가까이 대서 우선 몸만 씻기고 머리는 나중에 감깁니다. 머리에 미리 물을 적시면 물을 털기 위해 계속 머리를 흔들어대기 때문에 보호자가 목욕에 집중하기 힘들 수 있습니다.

동물 피부는 사람과 달라 반드시 반려동물 전용 샴푸를 사용해야 하며 가능하면 향이 약한 샴푸를 써야 합니다. 지나친 향은 동물에게 너무 자극적이라 불쾌감을 줄 수 있습니다.

샴푸액이 피부에 남으면 가려움증이나 피부병을 유발하기 때문에 충분히 헹궈줍니다. 여기서 몸 전체를 부드럽게 만지면서 반려견의 몸에 어떤 변화가 있는지 확인하는 것도 중요합니다. 평소 없던 덩어리가 만져지면 동물병원에서 검진을 받습니다.

목욕을 마친 다음 반려견의 몸을 수건으로 충분히 닦고 드라이기를 이용해 미지근한 바람으로 말려줍니다. 마지막으로 보상의 의미로 간식을 충분히 제공해 모든 목욕 과정에 적응하게 합니다. 목욕 중간에 간식을 조금씩 제공하거나 장난감으로 함께 놀아주면 반려견에게 좋은 기억을 심어줍니다.

목욕 횟수는 털 길이, 품종, 실내외 생활, 산책 빈도 등을 고려해야 하지만 최소화하는 것이 좋습니다. 목욕 과정에서 피부를 보호하는 피지나 각질 등이 사라지면서 피부가 건조하고 나빠질 수 있기 때문입니다. 따라서 지저분하거나 냄새나는 경우를 제외하고 목욕은 한 달에 한 번 정도가 적당합니다. 물론 피부병 치료인 약물 목욕은 예외입니다. 이때는 반드시 수의사 처방에 따라 조심스럽게 약물을 써야 합니다.

털이 많이 빠지는 단모종은 목욕 간격을 길게 유지하기 위해 털을 자주 털고 장모종은 털이 엉키지 않게 자주 빗어줍니다. 또 귀청소, 항문낭 짜기 등은 1주일 간격으로 하면 좋습니다.

개 발바닥의 패드

개 발바닥에 볼록하게 나온 털이 없는 부분을 패드(pad)라고 부릅니다. 태어난 지 얼마 안 됐을 때는 옅은 분홍색으로 부드럽지만 점차 색이 검어지고 거칠고 딱딱해집니다. 많이 걸으면서 지면과의 마찰로 색소가 침착하기 때문이지요. 패드에는 독특한 냄새가 납니다. 땀샘이 있어 땀과 분비물이 배출되기 때문입니다. 발을 잘 관리해주세요.

Q 항문낭 짜는 걸 싫어해요

목욕을 했는데도 냄새가 난다면 이유가 뭘까요? 냄새의 원인은 정상적인 것과 비정상적인 것으로 나눌 수 있습니다. 정상적인 원인은 바로 항문낭(항문샘) 때문입니다. 반려견, 고양이 같은 모든 육식동물을 포함해 포유류 동물은 항문낭이 있습니다. 이는 동물의 신분증 역할을 하며 특유의 냄새를 지닌 항문낭액을 만듭니다. 반려견들이 처음 만나면 서로 엉덩이 냄새를 맡는 이유가 바로 여기에 있습니다.

보통 배변할 때 항문낭액이 배출되는데 단단한 변을 볼 때는 압박 때문에 잘 배출되지만 무른 변일 때는 잘 배출되지 않습니다. 또 갑자기 흥분하거나 스트레스를 받으면 항문낭액이 분비될 수 있습니다. 반려견을 혼낼 때 갑자기 비릿한 냄새가 나면 바로 항문낭액이 배출된 것입니다. 스트레스 등 다른 이유로 나오면 심한 냄새가 나기도 합니다.

자연스럽게 배출돼야 할 항문낭액이 체내구조 문제, 비만, 무른 변 등으로 잘 배출되지 않을 때 문제가 생깁니다. 특히 소형견에게 주로 나타납니다. 이처럼 항문낭액이 잘 배출되지 않으면 반려견은 불편함을 느껴 엉덩이를 끌거나 항문 주위를 핥습니다. 아토피, 알레르기가 있거나 항문낭액을 많이 생성하는 경우도 마찬가지입니다. 결국 이로 인해 항문샘은 세균에 감염되고 심하면 터지기도 합니다. 이때는 빨리 동물병원에서 치료받아야 합니다.

항문낭은 냄새를 줄일 뿐 아니라 항문낭염이나 파열을 예방하기 위해서 정기적으로 짜줘야 합니다. 항문낭은 항문을 기준으로 4~5시 방향과 7~8시 방향 두 곳에 존재하고 액이 배출되는 관은 항문 쪽으로 이어져 있습니다. 따라서 반려견의 꼬리를 바짝 들게 한 후 항문 밑을 엄지와 검지로 넓게 만지면서 항문낭을 찾습니다. 이후 항문낭 아래쪽에서 두 손가락을 모아 항문방향으로 밀어 올린다. 액체라 튈 수 있어 휴지를 대고 해야 합니다. 항문낭을 제대로 짜려면 사전에 수의사에게 교육받는 것이 좋습니다.

항문낭액을 잘못 짜면 통증만 주고 액은 배출되지 않아 반려견이 몹시 싫어할 수 있습니다. 항문낭액을 짠 후에는 항문 주위를 물로 씻기고 간식으로 보상합니다. 1~2주 간격으로 항문낭만 잘 짜줘도 반려견 특유의 냄새가 줄어듭니다. 무조건 목욕을 시키는 것보다 냄새의 원인을 찾아 해결하는 것이 반려견의 건강을 지키는 일입니다.

Q 반려견이 양치질을 싫어해요

반려견의 스케일링을 위해 가끔 우리 병원에 오는 분이 있습니다. 처음엔 '보호자가 반려견 관리에 정말 신경 쓰나 보다.'라고 생각했습니다. 다른 분들에 비해서 자주 오는 편이라 평소에 어떻게 반려견의 이빨을 관리하는지 물어보았습니다.

"저희 반려견이 이빨 닦는 것을 너무 싫어해요. 그래서 이렇게 두 달에 한 번 정도 스케일링을 하러 오는 거예요. 양치하려고 칫솔을 보여주는 순간 입을 꽉 다물어버려요. 억지로 벌리려고 하면 심지어 물려고까지 해요."

의외로 반려견의 양치 때문에 고생하는 보호자들이 많습니다. 양치를 시키지 않으면 이빨이 상해서 문제인데, 보호자가 게을러서 양치를 안 시키는 게 아니라 반려견이 싫어해서 양치를 못하는 경우가 대부분입니다. 양치질을 싫어하는 반려견, 어떻게 해야 할까요?

1) 칫솔을 좋아하게 만든다

반려견에게 양치질을 시키려고 하면 물거나, 입을 다물고 입을 열지 않거나, 집 안 구석진 곳으로 들어가서 나오질 않는 경우가 많습니다. 양치를 시키려는 보호자 입장에서는 답답하고 화가 날 법한 상황입니다.

이때 보호자들에게 꼭 하는 말이 있습니다. 반려견은 사람이 아니라는 사실입니다. 반려견이 사람처럼 양치를 하려고 들 리가 없지요. 사람도 양치하기 귀찮다고 게으름을 피울 때가 있는데, 하물며 반려견은 오죽할까요. 반려견이 양치를 하지 않겠다고 하는 건 당연합니다.

이럴 때 억지로 입을 벌려봐야 양치를 시킬 수 없습니다. 그보다 치약, 칫솔과 익숙해질 수 있는 기회를 주어야 합니다. 억지로 해서는 되는 일이 없고, 반려견 스스로 양치질을 즐거워하게 만드는 게 관건입니다.

가장 먼저 할 일은 칫솔을 바꾸는 것입니다. 보통 우리는 칫솔을 자주 교체합니다. 칫솔모가 닳기 때문입니다. 사람들은 칫솔모가 닳거나 자신에게 맞지 않는다고 느낄 때 칫솔을 교체하면서, 왜 반려견의 칫솔은 한 번 구입하면 평생 쓰려고 하는 걸까요?

반려견들의 이빨은 사람의 치아보다 더 단단합니다. 그래서 칫솔모가 더 잘 닳기 때문에 자주 바꿔주는 게 좋습니다. 처음이라면 어떠한 칫솔을 선택해도 좋겠지만, 만약 양치질을 싫어하는 반려견에게 양치 훈련을 시작한다면, 평소에 사용하던 모양과 전혀 다른 것을 구입합니다. 그래야 적응시키기가 좋습니다.

그렇다고 새로 바꾼 칫솔로 바로 양치를 시키면 되냐고요? 아닙니다. 절대 칫솔을 먼저 들이대지 않습니다. 우선 사료와 간식을 먹는 근처에 칫솔을 놔둡니다. 그래서 칫솔과 좀 친해진 듯하면 사료나 물 그릇 근처에 두었다가 나중엔 칫솔을 그릇에 떨어뜨려둡니다. 그러면 칫솔에 대한 경계심이나 두려움이 없어집니다. 보통 반려견들은 사료 먹는 시간이 매우 즐거운 시간입니다. 즐거운 시간에 옆에 있었던 모든 것들은 즐겁고 행복한 순간을 함께한 것들이기에 마음의 장벽을 낮출 수 있습니다. 그 시간에 물건을 옆에 놔두면 그것이 설혹 싫거나 낯설다고 해도 감정의 장벽을 조금씩 천천히 무너뜨릴 수 있습니다.

반려견이 칫솔에 익숙해졌다고 느껴지면, 칫솔에 평소 반려견이 좋아하는 습식사료나 캔사료, 파우치 간식이나 짜먹는 페이스트 형식의 좋아하는 영양제를 묻혀서 먹게 합니다. 이렇게 칫솔에 맛있는 것을 묻혀주면 반려견은 칫솔을 자신에게 즐거움을 주는 도구로 인식합니다. 맛있는 것을 먹을 수 있는 신나고 재미있으며 물고 뜯고 씹을 수 있는 장

난감처럼 편하게 인식합니다. 시간이 흐르면서 칫솔을 입에 넣어 물고 씹기도 할 것입니다. 그렇게 되면 칫솔을 봤을 때 자연스럽게 입을 벌리게 됩니다. 혼내거나 설득하지 않아도 쉽게 반려견 입안에 칫솔을 넣을 수 있습니다.

2) 치약과 친숙해지게 한다

칫솔에 익숙해지면 이젠 치약과 친해질 차례입니다. 반려견이 좋아하는 간식에 치약을 섞어 먹입니다. 치약 중에는 고기나 과일 맛과 향이 나는 것이 있는데, 이런 제품을 선택해 반려견의 호감을 높이는 것도 좋은 방법입니다.

반려견 양치질에 사용하는 치약은 양치질을 한 뒤에 입을 헹궈낼 필요가 없습니다. 먹어도 되는 성분으로 만들어진 제품들입니다. 그래서 반려동물 전용 치약으로 사용하셔야 합니다. 우리가 쓰는 치약을 사용하면 급성 위염이나 소화기장애가 일어날 가능성이 높으니 주의해야 합니다.

반려견 스케일링

스케일링은 치석을 제거하는 것을 말합니다. 치석은 치아 표면에 생긴 플라크와 무기질(칼슘, 인), 염분, 세균 등이 조금씩 침착돼 석회화된 것입니다. 치석 1mg에는 약 1천 마리의 세균이 들어있으므로 치석을 주기적으로 제거해주지 않으면 세균이 잇몸을 상하게 하고 염증을 일으킵니다. 그리고 잇몸 뼈 주변까지 약하게 해서 치주염이나 이빨이 흔들리는 풍치를 일으키는 것입니다. 반려견의 이빨을 건강하게 관리하려면 반드시 치석을 제거해주어야 합니다. 치석은 정기적으로 1년에 2~4회를 권장합니다.

Q 양치질은 어떻게 해야 할까요?

반려견이 양치질을 싫어하는 건 본능이기도 하고, 강제적으로 양치질을 한 안 좋은 기억 때문이기도 합니다. 양치질하는 시간을 즐겁게 인식시키면 양치질은 더 이상 어렵지 않습니다.

양치질을 즐거운 놀이시간으로 만들어주세요. 양치 훈련을 하다 보면, 어느 순간부터 "양치하자!"라는 말에 꼬리를 흔들며 다가오는 사랑스런 모습을 볼 수 있습니다. 양치하는 방법은 반려견의 입을 잡아도 싫어하지 않게 하는 것이 우선입니다. 혹시 물리지 않을까 하는 걱정이나 조급한 마음을 내려놓으세요. 칫솔과 치약을 좋아하게 될 때까지 기다리는 시간이 필요합니다.

그럼 양치질은 어떻게 해야 할까요? 먼저 반려견의 입과 입 주변을 보호자분이 잡거나 만지는 것을 좋아하게 합니다. 앞에서 설명한 스킨십 훈련과 방법은 같습니다. 다리 사이에 끼거나 꽉 안거나 해서 다치지

않게 잡는 것도 좋지만 양치질이 즐거운 시간이라는 인식이 심어지면 잡지 않고도 양치질을 할 수 있습니다. 그런 후 사람과 마찬가지로 부드럽고 아프지 않게 칫솔질을 합니다.

칫솔에 반려견이 좋아하는 치약을 묻혀서 잇몸과 45도 각도로 쓱싹쓱싹 5분 정도 해주면 됩니다. 우리가 이 닦듯이 위아래 좌우로 쓱싹쓱싹 해주면 됩니다. 물론 처음부터 이빨 전체를 다 닦겠다는 욕심을 내기보다 3~4개 치아부터 시작해 서서히 늘려가는 것이 좋습니다.

사람처럼 반려견도 양치질을 매일 하는 게 좋지만, 1주일에 최소 2~3회만 해줘도 괜찮습니다. 그리고 정기적으로 동물병원에서 스케일링을 통해 치석을 제거하고 치아 상태를 검진받아야 합니다.

반려견은 생후 7개월 전후로 유치가 빠지고 영구치가 납니다. 유치일 때는 좀 더 부드러운 칫솔모나 실리콘으로 된 손가락 칫솔을 사용하면 좋습니다. 하지만 간혹 손가락 칫솔은 손을 물어도 되는 것으로 인식시킬 수 있기 때문에 작고 부드러운 칫솔모로 된 칫솔 사용을 권합니다.

반려견을 위한 칫솔 고르는 법

많은 보호자가 칫솔 종류가 너무 다양해 어떤 것이 좋을지 고민합니다. 잇몸에 닿았을 때 아프지 않고, 칫솔모가 부드러우면서 구석구석 닦아낼 수 있는 칫솔을 고릅니다. 대개 앞니와 어금니에 사용할 수 있는 작은 칫솔모로 된 칫솔과 어금니 크기와 비슷한 크기의 칫솔 등 두세 가지를 같이 사용하는 것이 좋습니다.

Q 양치질할 때 자꾸 물려고 해요

목욕은 좋아하는데 양치질을 하려면 물려고 한다고요? 얌전하다가도 칫솔만 보면 으르렁거린다고요? 양치질을 싫어하기 때문인데 이 경우 어떻게 해야 할까요?

치석 제거용이나 입 냄새 제거용 껌, 여러 가지 치아관리 제품이 많이 나와 있지만 가장 좋은 치아관리법은 뭐니 뭐니 해도 이빨을 직접 닦아주는 것입니다. 그렇게 양치질에 익숙해져야 합니다. 또한 반려견에게 즐거운 놀이가 되어야 합니다.

양치질은 단계별로 시작해 익숙해지게 합니다. 반려동물 특히 반려견용 치약은 삼켜도 건강에 문제가 없으며 동물이 좋아하는 향이 첨가되어 있습니다. 처음부터 양치질을 하는 것이 아니라 치약을 간식처럼 짜서 먹이는 방법으로 치약 맛에 익숙해지게 합니다. 그 맛에 익숙해지면 반려견의 입술을 살짝 든 다음 치아에 치약을 바르는 연습으로 넘어갑니다. 마지막으로 치아에 바른 치약을 손으로 문질러주는 연습을 반복합니다. 여기서 중요한 점은 양치질이 즐거운 놀이가 되어야 한다는 것입니다.

양치질을 가르치려 한다면 우선 칫솔을 바꿔주어야 합니다. 사람들은 칫솔모가 아프면 바로바로 칫솔을 바꾸면서 반려동물의 칫솔은 한번 사면 평생 쓰려고 합니다. 반려견들의 이는 무척 딱딱해서 칫솔모가 더 잘 닳을 수 있으므로 자주 바꿔주는 게 좋습니다. 칫솔을 새로 바꾸면 바로 사용하지 말고 칫솔에 익숙해지도록 해야 합니다. 칫솔에 캔사료나 파우치 간식, 페이스트 형태의 영양식을 묻혀주며 마치 숟가락처럼 사용해 적응시키는 과정이 필요한 것입니다. 그럼 자연스레 입에 들어가고 씹기도 합니다. 그러면서 치약을 섞어 먹이기 시작합니다. 치약의 종류도 맛이나 향을 다양하게 하는 것이 좋습니다. 그럼 칫솔과 치약을 꺼내기만 해도 입을 벌리면서 즐겁게 보호자에게 다가옵니다. 칫솔에 익숙해지면 치약을 발라 맛보게 합니다. 이 단계가 익숙해지면 한 번 정도 가볍게 칫솔로 치아를 문지릅니다. 반려견이 허용하면 차츰 횟수를 늘려갑니다. 매 단계마다 교육이 끝나면 간식으로 보상합니다. 또 어떤 단계든 반려견이 조금이라도 불편해하면 다음 단계를 진행하지 말아야 합니다. 이처럼 반려견이 치약과 칫솔에 익숙해지고 좋아해야만 매일 이빨을 닦을 수 있습니다.

Q 엉덩이를 바닥에 대고 끌고 다녀요

반려견이 엉덩이를 바닥에 대고 앞발로 당기면서 끌고 다니는 행동은 보통 세 가지 이유로 나뉩니다.

첫 번째는 항문낭 청소를 1~2주마다 해주지 않을 때 보이는 행동입니다. 항문낭이란 반려견의 항문을 정면으로 쳐다봤을 때 5시와 7시 방향에 있는 반려견 고유의 페로몬의 액체가 담겨 있는 주머니입니다. 특유의 냄새가 나며 배변 시 저절로 항문낭에 있는 액체를 밀어냅니다. 항문낭액이 배출되지 않고 남아서 쌓이면 염증이 생기고, 가려움증을 유발하여 엉덩이를 바닥에 긁어댑니다. 보통 1~2주에 한 번 목욕할 때 따뜻하게 마사지해준 다음 짜내면 그런 행동을 하지 않습니다. 항문낭 청소를 해도 가려움증이 지속되면 동물병원에 내원해서 치료를 받아야 합니다. 반려동물은 항문낭을 청소할 때 순간적으로 통증을 느낍니다. 그래서 요즘은 어릴 때 항문낭 제거 수술을 많이 하기도 합니다.

두 번째는 기생충 감염입니다. 기생충 감염이나 항문낭에 기생충 알이 존재할 때도 이러한 증상을 보이기도 합니다. 기생충에 감염됐을 때는 동물병원에서 분변검사를 통해 기생충 검사와 치료를 꼭 받아야 합니다.

세 번째는 후지 마비의 경우입니다. 가려워서 바닥에 긁는 것이 아니라 척추나 후지 마비로 인한 증상일 수도 있습니다. 이때는 즉시 동물병원에 데려가 신경 증상에 대한 검진을 받아야 합니다.

Q 갑자기 의자 밑에서 나오려고 하지 않아요

보호자가 이름을 부르면 잘 오나요? 잘 오다가 다른 곳으로 가지는 않나요? 배변·배뇨를 하러 화장실을 가는데 다른 곳으로 가거나, 화장실에서 볼일을 보지 않고 그냥 돌아오는 경우는 없나요? 이런 증상은 주로 노령견들에게 나타나는데 치매와 비슷합니다.

활발하던 반려견이 의자 밑에 들어가서 나오지 않는다면, 백내장에 걸렸거나 나오는 방법을 까먹었을 가능성이 높습니다. 이러한 증상이 있으면 동물병원에서 감별진단을 받고 적절한 치료를 받아야 합니다. 백내장이 발병해서 여기저기 부딪칠 수도 있으니 다치지 않게 보호 장비도 갖춰야 합니다. 치매와 같은 질환을 예방하려면 어릴 때 이빨이 간지러워서 가지고 놀던 장난감으로 저작 작용을 할 수 있게 해주면 도움이 됩니다. 고무 장난감이나 봉제인형 위주로 줍니다.

Q 계속 발가락 사이를 핥는데 왜 그럴까요?

반려견이 발가락 사이를 핥는 행동은 몇 가지 원인으로 나뉩니다. 반려견은 발에만 땀샘이 있기 때문에 땀도 발에서만 납니다. 반려견은 체온조절을 위해 발에서 땀을 흘리고 코와 혀로 체온조절을 돕습니다. 그런 만큼 반려견의 발을 청결하게 매일 씻겨주고 물기 없이 말려줘야 합니다. 그렇지 않으면 털과 발가락 사이에 습기가 남아 피부질환과 염증을 일으켜 가려움증을 유발하게 됩니다. 반려견이 가려워서 발을 핥으면 발이 더 젖게 되고 발가락 사이의 염증은 더욱더 심해집니다. 그 발로 목이나 얼굴 등 쪽을 긁다가 발톱에 상처가 생기면 피부병이 온몸으로 옮을 수 있습니다.

반려견이 핥는 경우는 이처럼 거의 대부분이 가려움증 때문입니다. 동물병원에서 약물치료를 받으면 발병 정도에 따라 1~2개월 안에 완치될 수 있습니다.

또 다른 원인은 식이성 알레르기를 들 수 있습니다. 먹던 사료나 간식이 갑자기 감작(感作, 어떤 항원에 대하여 느끼기 쉬운 상태로 만드는 것) 반응을 일으켜 생기는 가려움증일 수도 있습니다. 이럴 때에는 식이습관 및 성분 조절, 약물치료로 가려움을 없앨 수 있습니다.

마지막 원인으로 분리불안을 들 수 있습니다. 갑작스럽게 늘 함께 있던 가족 구성원 누군가가 오랫동안 여행을 떠났다거나, 집에 함께 생활하던 누군가가 개학이나 취업을 해서 변화가 생겼을 때도 발생할 수 있습니다. 함께 지내던 반려동물이 노환이나 질병으로 세상을 떠났을 때에도, 함께 지내면서 의지했던 감정이 남아 분리불안을 보일 수 있습니다. 아니면 혼자 지낼 때 장난감이나 다른 운동으로 분리불안 없이 잘 지냈는데, 그렇게 함께하던 장난감이나 환경이 바뀌어도 이러한 증상을 보일 수 있습니다.

이런 경우 불안 증상으로 침을 흘리거나 문 앞을 떠나지 않고 안절부절못하다가 발을 핥는 행동을 보이곤 합니다. 이러한 증상을 보인다면 전체적인 건강검진을 통해 약물처방을 받고 분리불안 치료를 해줘야 합니다.

반려견이 아플 때 응급처치 가이드

사랑하는 반려견과 생활하다 보면 생각지도 못한 사고가 생길 수 있습니다.
동물병원에 데려가기 전 간단한 응급처치를
어떻게 해야 하는지 알아두면 긴급한 상황에 요긴합니다.

먼저 상태를 체크하세요

반려견을 키우다 보면 돌발 사고가 일어날 수 있습니다. 갑작스런 사고로 당황할 수 있는데 미리 어떻게 해야 하는지 알아두면 도움이 됩니다. 불가피한 사고로 부상당하고 상처를 입을 경우 최대한 가까운 동물병원에 데려갈 때까지, 반려견의 현재 상태를 더욱 심각하게 악화시키지 않기 위해서 최대한 빠른 응급처치가 필요할 수 있습니다. 보호자가 할 수 있는 최선의 응급처치는 상태 체크입니다. 반려견이 호흡은 정상적으로 하는지, 몸이 차가워지지는 않았는지, 보호자나 주위 사물을 알아보는지 등의 상태를 최대한 빨리 체크해야 합니다. 그래야 동물병원에 내원했을 때 수의사에게 필요한 정보를 정확하게 전달할 수 있습니다. 그럼 응급처치와 치료를 하는 데 매우 큰 도움이 됩니다.

체크사항

· 심호흡이나 호흡의 거친 정도, 숨소리에서 가래 끓는 소리는 안 들리는지

· 심박수, 맥박수, 호흡수가 정상적인지

· 몸 전체를 만져보았을 때 아파하는지, 골절이나 다른 이상이 있는지

· 사물이나 보호자를 인지할 수 없는 쇼크 상태인지 아닌지

· 잇몸 색깔이 창백해졌는지, 혀 색깔이 파래지거나 보라색을 띠는지, 눈 안에 동공과 결막의 색상에 이상이 없는지 등

사고로 다친 반려견을 운반해야 된다면 나무나 플라스틱으로 된 넓은 판에 대형 수건이나 얇은 이불 등을 이용해서 들것처럼 만들어 끈으로 반려견을 고정하고 이동시켜야 합니다. 그리고 대형 수건, 담요, 얇은 이불로 움직일 수 없도록 단단히 감싼 뒤 들어 올려 이동할 수도 있습니다.

사고로 출혈이 심할 때는 지혈을 해줍니다. 깨끗한 손수건이나 면 수건을 대고 그 부위를 세게 눌러주거나 상처 부위에 깨끗한 면 거즈를 대고 단단하게 붕대로 감아줍니다.

반려견 인공호흡과 심장 마사지

인공호흡

1. 사고가 난 반려견을 옆으로 눕히고 우선 심장이 뛰는지 확인합니다.

2. 입을 벌려 입안에 이물이나 피나 침을 수건으로 깨끗이 제거하고 손수건으로 혀를 잡아 쭉 앞니 쪽으로 빼내어 기도를 확보하여 호흡을 쉽게 할 수 있도록 도와줍니다.

3. 반려견의 입을 닫은 상태에서 콧구멍으로 크게 숨을 불어넣어 반려견의 가슴이 부풀어 오르는지 확인하면서 공기를 불어 넣어줍니다.

4. 반려견의 입을 열어주어 불어넣은 폐에서 자연스럽게 공기가 빠져나오도록 해줍니다.

5. 5~10초씩 번갈아 반복해서 해주고, 스스로 호흡할 수 있을 때까

지 계속합니다. 단, 교통사고인 경우 폐에 이상이 있을 수 있으므로 인공호흡을 해주지 않는 것이 좋습니다.

심장마사지

먼저 반려견을 옆으로 눕히고 입을 벌려 입안에 이물질, 피, 침을 수건으로 깨끗이 제거합니다. 그런 다음 손수건으로 혀를 잡아 쭉 앞니 쪽으로 빼내어 기도를 확보한 후 반려견의 왼쪽 심장 부위에 1초에 한 번 정도 손바닥으로 압박해줍니다. 10회 실시 후에는 인공호흡을 하고, 가슴 쪽 흉부가 부풀어 올랐다면 바로 다시 심장마사지를 해줍니다.

이 또한 교통사고인 경우에는 해주지 않아야 하며, 심장이 멈췄다고 판단될 때만 해줍니다. 잘못하면 더욱 심각한 상황을 초래할 수 있기 때문입니다.

골절 · 탈구가 됐을 때

교통사고, 또는 높은 곳에서 떨어지거나, 품에 안고 있다가 뛰어내려서 골절이 일어날 수 있습니다. 그러한 상황에서는 골절로 의심되는 부위를 고정시키는 것이 중요합니다.

반려견의 골절로 의심되는 부위나 어긋난 관절을 원래대로 되돌리려고 하지 말고, 부러지거나 탈구로 의심되는 그 상태 그대로 고정해서 이동해야 합니다. 골절되거나 탈구된 부위를 외부에 부딪치거나 이동 중에 움직여서 원치 않는 2차 감염이나 부상이 일어나지 않도록 하는 것이 우선 보호자가 해줄 수 있는 응급처치입니다.

고정하기 어려운 부위에 골절과 탈구가 생겼다면 고정하려고 하지 말고 그대로 빠른 시간 안에 동물병원으로 갑니다. 다리 골절로 의심되는 경우에는 그 골절 부위를 수건 등으로 감아주고, 그 위를 두꺼운 종이나 나무젓가락 여러 개로 감싸서 고정해주는 것도 좋습니다. 포장할 때 사용하는 에어캡을 이용하는 방법도 있습니다.

갈비뼈가 골절되었을 경우에는 폭이 넓은 탄력 붕대나 넓은 수건으로 단단히 감아줍니다. 단 잇몸이 창백하거나 혀가 파랗게 된 쇼크 상태가 나타났을 때는 고정하지 말고 동물병원으로 신속히 이동해야 합니다.

척추가 골절되거나 손상되었다고 의심될 때는 신속히 가까운 동물병원으로 데려가야 하며, 이동하는 동안 척추를 움직이지 않도록 하는 것이 매우 중요합니다. 두꺼운 수건이나 담요로 감싸서 움직일 수 없게 하여 이동하는 것이 좋습니다.

반려견은 어딘가에 부딪치거나 맞아서 아픈 경우 그 부위를 자꾸 핥거나 숨기려고 하는데 타박상을 입었을 가능성이 있으므로 자세히 살펴봐야 합니다. 가장 먼저 체크해야 할 곳은 머리에 입은 타박상입니다. 머리를 다친 이후로 보행이 이상하고 사지가 마비되거나 축 늘어져버린다면 매우 심각한 상태일 수 있습니다. 이때는 이동할 때 반려견이 움직이지 않도록 해주고 신속하게 동물병원으로 데려가야 합니다.

물리거나 할퀴거나 긁히거나 하는 등의 상처가 생겼을 때는 그 이후에 상처를 통한 2차 세균 감염으로 인한 염증이 염려됩니다. 혹시나 상처 부위에 출혈이 보일 정도로 피가 흐른다면 반드시 지혈을 해준 다음에 흐르는 물이나 식염수로 환부를 씻어줍니다. 그렇게 소독해준 후 상처를 붕대 등으로 감아주고 신속히 가까운 동물병원으로 갑니다. 만약 반려견이 몹시 놀라거나 통증 때문에 쇼크 상태를 보인다면 우선 안아주거나 조용한 곳으로 이동시켜 심리적 안정을 시켜줍니다.

간혹 모기, 외부 기생충, 벌레, 벌 이외에 독사, 해파리 등에 쏘이거나 물리는 일도 있습니다. 독이 있는 것에 물렸을 경우에는 호흡이 정상인지, 아나필락쇼크로 인한 호흡곤란과 피부에 두드러기가 생기지는 않았는지 관찰해야 합니다. 혹시나 상처 부위에 바늘이나 가시 같은 것이 박혀 있는지 살펴보고 차갑게 해주는 것이 좋습니다. 처치 후에는 바로 가까운 동물병원에서 신속하게 진료를 받는 것이 좋습니다. 호흡곤란, 동공 확장, 과량의 침 흘림 등이 보인다면 최대한 빨리 동물병원으로 가야 합니다.

독이 있는 것에 물리거나 쏘인 경우 심하게 움직이면 전체적으로 독이 퍼지기 쉬우므로 가능한 한 움직이지 못하게 하고 환부를 물로 계속 씻어줍니다. 그리고 상처 부위에 냉찜질을 해주고, 상처 부위에서 5~10cm 정도 되는 곳을 신발 끈이나 허리띠로 감아 독이 퍼지는 것을 막아줍니다.

화상을 입었을 때

뜨거운 불이나 물에 화상을 입어서 생긴 상처는 정도에 따라 다릅니다. 살짝 데였다면 차갑게 식히는 것이 최우선입니다. 얼음물이나 냉수에 담그거나 흐르는 물을 상처 부위에 틀어 충분히 식힌 후에 동물병원에 데려가는 것도 좋으며, 냉찜질 팩을 하면서 이동해서 가면 좋습니다. 심하게 데인 경우에는 동물병원에 연락해서 수의사의 지시에 따릅니다.

특수한 화학약품 등에 의해 화상을 입은 경우에는 빠른 세척이 최우선입니다. 보호자는 반드시 고무장갑을 끼고 응급처치를 합니다. 반려견의 목줄과 가슴줄, 입고 있던 옷을 모두 벗기고 반려견의 털과 피부에 묻은 화학약품을 흐르는 물에 깨끗이 씻겨 냅니다. 그리고 어떤 종류의 화학약품으로 화상을 입었는지 체크하고, 식염수를 묻힌 거즈로 상처 부위를 보호하여 신속하게 병원으로 이동합니다. 순간의 사고로 일어난 화상에 놀라거나 극심한 통증으로 인해 정신적인 패닉 상태가 되는 반려견도 있으니 안정을 유지시켜주고 호흡이 이상하다면 인공호흡이 필요할 수도 있습니다.

전기에 감전됐을 때

집에 있는 콘센트나 전기선에 의해 반려견이 감전되어 쓰러지는 경우도 많습니다. 이때 보호자는 반려견을 구하고 싶은 마음에 순간적으로 다가가서 만질 수 있는데 이는 대단히 위험한 행동입니다. 일단 보호자는 추가로 감전되지 않도록 주위 상황과 환경을 살핀 후 반려견의 구조와 응급처치에 들어가야 합니다. 반려견이 전기 감전에 놀라 배뇨를 한 경우 배설물에도 전류가 흐르므로 주의해야 합니다. 우선 보호자가 전기에 감전되지 않도록 전기가 통하지 않는 절연 재질로 된 장화를 신고 고무장갑을 끼어야 합니다. 반려견이 입에 전기코드를 물고 쓰러져 있다면 전기가 통하지 않는 긴 막대 등으로 제거하고 플러그를 뽑아야 합니다. 반려견의 건강 상태를 확인하고 몸에 화상이나 흔적이 있다면 정도에 맞는 응급처치를 한 후 신속하게 동물 병원으로 데려가야 합니다.

열사병일 때

반려견은 땀샘이 발바닥에만 있어 땀을 흘려 체온을 낮추는 데 많은 어려움이 있습니다. 그래서 짧은 시간 더위에 노출되어도 열사병에 걸릴 수 있습니다. 반려견의 호흡이 거칠어지고 침을 갑자기 많이 흘린다면 열사병의 초기 증상으로 의심할 수 있습니다. 잇몸의 색깔이 선홍빛에서 더욱 진하게 붉어지고 심박수가 높아지면서 체온이 40℃를 넘어서면 열사병을 의심해야 합니다. 이러한 증상을 보인다면 빠른 응급처치가 필요합니다. 반려견이 갑자기 경련이나 구토, 헛구역질을 보이며 잇몸까지 창백해지는 등의 증상을 보인다면 열사병이 심하게 걸렸음을 의심해야 합니다. 대뇌에도 영향을 미치므로 신경 증상을 보이기 전에 응급처치한 후 가능한 한 빨리 동물병원으로 데려가야 합니다.

응급처치 시에는 우선 바람이 잘 통하는 그늘이나 서늘하고 시원한 곳으로 반려견을 옮깁니다. 그리고 미지근한 물을 목덜미, 코, 몸의 순서대로 심장에서 먼 쪽부터 적셔주거나 뿌린 뒤에 냉찜질 팩이나 얼음주머니로 머리 부위를 식혀줍니다. 정신이 조금 들면 물을 조금씩 먹이다가 점차 양을 늘여서 먹게 합니다. 반려견의 체온이 정상 체온인 37℃ 전후가 될 때까지 계속 응급처치를 해주고, 신속하게 동물병원으로 이동하여 정확한 치료를 받아야 합니다.

경련, 발작을 일으킬 때

반려견이 갑자기 신경 증상이나 경련을 보일 때에는 부딪쳐서 부상을 입을 만한 주위의 위험한 물건들을 치웁니다. TV나 소리가 나는 물건은 반려견에게 자극을 줄 수 있습니다. 또한 경련 시에 갑작스럽게 구강 내에서 자기도 모르게 혀를 깨물지 않도록 둥글게 만 수건이나 옷 등을 입에 물리는 것이 좋습니다. 간혹 반려견의 발작 중에 보호자가 응급처치를 하러 가까이 다가갔다가 순간적으로 물릴 수도 있으므로 조심스럽게 접근해야 합니다.

반려견의 안정이 제일 급선무이므로 강한 햇볕이나 소리 등 자극이 될 만한 것을 멀리하고 통풍이 잘 되는 조용하고 어두운 방에서 안정을 찾게 하는 것이 좋습니다. 어느 정도 안정을 취하면 동물병원에 갑니다.

이물질을 섭취했을 때

반려견이 산책을 하거나 혼자 있을 때 먹지 말아야 하는 이물질을 섭취한 것으로 의심된다면 최우선적으로 무엇을 먹었는지를 체크하고 주변 환경을 확인해야 합니다. 혹시나 구토한 흔적이 있는지, 구토 내용물은 어떤 것인지 확인하는 것이 좋습니다. 모든 것은 꿀꺽 하는 순간 대부분 위로 넘어가게 됩니다. 그렇지만 목 부근에 걸려서 숨쉬기 힘들어하고, 괴로워서 괴성을 지를 수 있습니다. 이럴 때에는 직접 꺼내려고 하지 말고 신속하게 동물병원으로 내원해야 합니다. 그리고 어떠한 모양으로 어느 부위에 어떻게 걸려 있는지를 엑스레이 검사로 확인한 후 제거해야 합니다. 이물질이라고 삼킨 것이 화학약품이나 약물인 경우

바로 토해내게 하는 것이 좋지만 구토하면서 식도가 손상될 수 있으므로 주의해야 합니다. 그리고 바로 동물병원에 가는 것이 좋습니다.

물에 빠졌을 때

계곡이나 수영장, 바다에 빠졌을 때 반려견을 구하겠다고 보호자가 물속으로 급하게 뛰어들면 매우 위험합니다. 직접 구조할 수 있다는 확신이 서지 않다면 되도록이면 구조팀을 기다려야 합니다. 만약 보호자가 직접 뛰어든다면 반드시 구명조끼를 착용하고 구조해야 합니다. 사람을 구조할 때와 마찬가지로 튜브 등을 던져서 잡게 하거나 올라갈 수 있게 합니다. 긴 장대를 이용해도 됩니다.

반려견을 구조하고 나면 뒷다리를 잡고 머리를 낮게 해서 눕히고, 옆구리의 흉부 부위를 세게 쳐서 물을 토하게 합니다. 만약 그래도 토하지 않으면 뒷다리를 잡아 거꾸로 들고 천천히 좌우로 흔들어서라도 토하게 합니다. 식도가 아닌 폐에 물이 찼을 경우에는 인공호흡과 심장 마사지를 해줍니다. 응급 상황이라면 동물병원으로 신속히 가야 합니다.

반려견 교육은 언제부터가 좋을까요?

동물병원에서 진료할 때 반려견을 분양받고 어떻게 가족과 어울리게 해야 할지, 가족 구성원으로 어떻게 받아들여야 하는지 자주 질문받곤 합니다.

어린 시절의 고양이는 2~7주, 반려견은 3~12주에 반드시 적극적인 사회화교육에 힘써야 합니다. 보호자와 동물이 함께 행복해지기 위해 동물은 우선 우리와 함께 사는 세상에 적응해야합니다. 세상에 적응하는 첫 단계가 바로 사회화과정입니다. 반려동물 보호자라면 이 부분을 절대 소홀히 해서는 안 됩니다.

반려견은 대표적으로 무리를 이뤄 사는 동물, 즉 사회적 동물입니다. 따라서 반려견에게도 사람과 같은 사회화과정이 반드시 필요합니다. 고양이는 단독생활과 집단생활이 모두 가능하지만 개는 사람과 함께 살아야 하기 때문에 사회화교육이 매우 중요합니다.

하지만 대부분 반려동물들은 폐쇄적 환경에서 성장기와 사회화시기를 보냅니다. 입양과 분양을 받고 최소한의 예방접종을 마칠 때까지 자의든 타의든 절대 집 밖으로 나가지 않게 됩니다. 그 이유는 내 반려견이 혹시나 전염성 질병에 감염될까 하는 두려움 때문입니다.

한때 우리나라에 반려동물 전염성 질병이 폭발적인 수준으로 발생했었습니다. 그래서 많은 어린 반려견들이 파보바이러스장염parvovirus이나 개홍역distemper같은 치명적인 질병에 감염되어 높은 폐사율을 보인 적이 있었습니다. 지금은 예방접종에 대한 이해가 높아져 전염병 발생이 상당히 줄었습니다. 이제 이 시기에 산책을 나가 외부 환경에 노출시켜도 괜찮습니다. 왜 굳이 어린 시기에 외부 환경에 노출을 시켜야 하는지 의문이 들 수 있습니다. 어릴 때는 마음의 문이 열려 있어 모든 것을 쉽게 받아들이기 때문입니다. 대뇌피질이 성숙하지 않아 세상에 대한 모든 자극과 호기심에 긍정적입니다. 보편적으로 사교성이 넘치는 시기이므로 이 시기에 환경과 사람, 또 다른 동물들과 좋은 관계를 맺는 경험을 하면 어떠한 환경과 사회에도 수월하게 적응합니다. 전염병 예방 이상으로 반려견들의 성장기에 필요한 사회화와 예절교육은 반려견의 정상생활에 필수적입니다.

일반적으로 사회화에 적합한 시기는 반려견의 경우 생후 3개월령, 늦어도 14주 이전입니다. 고양이는 시기가 더욱 빨라 생후 7주 이전입니다. 기초 예방접종 시기와 겹칩니다. 앞서 말했듯이 이 시기에 사회화교육은 1차부터 7차까지의 기초 예방접종 이상으로 매우 중요합니다. 첫 접종을 시작하면서부터 바로 새로운 환경 자극원에 다양하게 노출시켜 사회화교육을 시작합니다. 물론 그 과정에서 전염성 질병에 대한 감염이나 안고 있다가 떨어뜨리는 낙상 사고가 있을 수 있으므로 최대한 주의해야 합니다. 또 새로운 경험과 환경을 접할 때 체벌을 한다든지 심한 공포를 느끼는 부정적 경험을 하게 해서는 안 됩니다.

반려견 보호자들에게 꼭 당부하고 싶은 말은, 항상 조급하게 생각하지 말고 반려견을 천천히 이해하는 시간을 가져야 한다는 것입니다. 반려동물 인구 천만 시대, 이제 우리의 인식도 발전할 때가 되었습니다. 이 책이 무조건적 복종 훈련이 아닌 규칙을 통한 예절 교육으로 행복한 반려견 문화를 만들어가는 데 작은 보탬이 되기를 바랍니다.

인간에게는 동물을 다스릴 권리가 있는 것이 아니라
모든 생명체를 지킬 의무가 있는 것이다.

제인 구달

삶은 말하지 못하는 생명체들에게도 소중하다. 사람이 행복을 원하고
고통을 두려워하며 생명을 원하는 것처럼, 그들 역시 그러하다.

달라이 라마